变电安全

一本通

BIANDIAN ANQUAN

YIBENTONG

刘宏新　主编

中国电力出版社
CHINA ELECTRIC POWER PRESS

内 容 提 要

本书采用一问一答的形式,将相关知识点写的通俗易懂,简明扼要,容易被现场人员接受,选取电力生产中常见的和容易发生事故的安全问题进行分析,对变电站的现场安全及注意事项进行了阐述,紧贴基层工作,以消除基层安全工作的薄弱环节,使广大电力企业员工了解生产的基本知识,增强人们电力安全意识,达到安全生产的目的。本书主要内容包括变电运维安全管理过程中的一般安全要求、变电运维、变电检修、电气试验、站用交直流电源系统、特高压部分、计量作业及其他部分的常见易发问题,分别对安全管理中注意事项、规范标准、设备巡视、倒闸操作、设备检修、电气试验、计量作业及其他异常处理等进行了阐述。

本书内容简捷、实用,力求成为变电运维、变电检修人员最为实用的工具书,也可用于现场工作资料查询,还可作为培训资料使用。

图书在版编目(CIP)数据

变电安全一本通 / 刘宏新主编. —北京:中国电力出版社,2017.12(2018.5重印)
ISBN 978-7-5198-1453-3

Ⅰ. ①变… Ⅱ. ①刘… Ⅲ. ①变电所–安全技术–问题解答 Ⅳ. ①TM63–44

中国版本图书馆 CIP 数据核字(2017)第 291666 号

出版发行:中国电力出版社
地　　址:北京市东城区北京站西街 19 号(邮政编码 100005)
网　　址:http://www.cepp.sgcc.com.cn
责任编辑:王杏芸(010-63412394)
责任校对:王开云
装帧设计:张俊霞　赵姗姗
责任印制:杨晓东

印　　刷:北京天宇星印刷厂
版　　次:2017 年 12 月第一版
印　　次:2018 年 5 月北京第二次印刷
开　　本:880 毫米×1230 毫米　32 开本
印　　张:5.125
字　　数:126 千字
印　　数:4001—6000 册
定　　价:28.00 元

编 委 会

前　言

在电力企业，"电力安全"是一个严肃而认真的话题，每一次事故的发生都是惨痛的教训，每一次事故的发生都有其必然性和偶然性，每一次的事故轻则造成设备损坏，重则危及生命安全。本书旨在提高电力企业员工的安全意识和安全技能，规范安全管理行为，推动安全管理水平的提升，对电力基层员工进行安全科普教育。

本书采用一问一答的形式，将相关知识点写的通俗易懂，简明扼要，容易被现场人员接受，选取电力生产中常见的和容易发生事故的安全问题进行分析，对变电站的现场安全及注意事项进行了阐述，紧贴基层工作，以消除基层安全工作的薄弱环节，使广大电力企业员工了解生产的基本知识，增强人们电力安全意识，达到安全生产的目的。内容简洁、实用，力求成为变电运维、变电检修人员最为实用的工具书，可用于现场工作资料查询，也可作为培训资料。

本书涉及的知识面较广，适用性较强，从变电运维安全管理过程中的一般安全要求、变电运维、变电检修、电气试验、站用交直流电源系统、特高压部分、计量作业及其他部分的常见易发问题入手，分别对安全管理中注意事项、规范标准、设备巡视、倒闸操作、设备检修、电气试验、计量作业及其他异常处理等进行了阐述。

本书编委会和编写组由国网山西省电力公司具有丰富管理知识和实践经验的人员组成。本书共六章，第一章由郭天珍、岳永新编写，第二章由岳永新、郭天珍编写，第三章由卢洪宝、张浩编写，第四章由张永忠、杨鑫、张永霞编写，第五章由李倩编写，第六章第一节由李琳编写、第二节由武俊杰编写。

由于编者水平有限，书中不足之处，希望各位读者予以批评指正。

编　者
2017 年 12 月

目 录

前言

第一章　一般安全要求 …………………………………………1
1. 变电作业现场作业人员一般要求有哪些？ …………1
2. 哪些作业要进行现场勘察？ …………………………1
3. 变电作业前现场勘察的内容有哪些？ ………………2
4. 如何开展施工前的风险评估？ ………………………2
5. 设备安装前的准备工作有哪些？ ……………………2
6. 在电气设备上工作可使用哪几类工作票？ …………3
7. 哪些工作应填用第二种工作票？ ……………………3
8. 哪些工作应填用带电作业工作票？ …………………4
9. 哪些工作应填用第一种工作票？ ……………………5
10. 哪些工作应填用事故紧急抢修单？ …………………5
11. 变电设备检修分为哪几种？ …………………………5
12. 工作许可人的安全责任有哪些？ ……………………5
13. 工作许可人应完成哪些工作，才能许可工作？ ……6
14. 工作票填写与签发有何规定？ ………………………6
15. 什么情况下工作票采用"双签发"？ …………………6
16. 变电运维人员按照工作票要求布置安全措施确有
困难应怎么办？ ………………………………………6
17. 如何办理工作票许可开工手续？ ……………………7
18. 工作负责人、专责监护人在开工前还应完成哪些
工作？ …………………………………………………7
19. 工作全部完成后，还需完成哪些工作方可表示工作
终结？ …………………………………………………7
20. 怎么办理工作票终结手续？ …………………………7

21. 工作票有破损能否继续使用？ ……………………8

22. 变电运维一体化哪些工作可不使用工作票？ ……8

23. 填写工作票有何要求？ ……………………………8

24. 总、分工作票如何填写？ …………………………9

25. 如何办理分工作票的许可和终结？ ………………9

26. 预定时间工作尚未完成怎么办？ …………………9

27. 什么情况可使用同一张工作票？ …………………9

28. 什么情况应增添工作票份数？ ……………………10

29. 在原工作票的停电及安全措施范围内增加工作
    任务时应怎么办？ ………………………………10

30. 工作票的送达有什么要求？ ………………………10

31. 工作票的延期有什么规定? ………………………10

32. 第二种工作票是否可以电话许可？ ………………10

33. 工作许可人、工作负责人、工作票签发人可否
    相互兼任？ ………………………………………11

34. 需要变更工作负责人应怎么办？ …………………11

第二章　变电运维 ……………………………………12

第一节　设备巡视 ……………………………………12

1. 变电站设备巡视有什么作用？ ……………………12

2. 高压设备室的钥匙管理有什么规定？ ……………12

3. 为什么要按照巡视路线进行巡视设备？ …………12

4. 按照巡视路线进行巡视，应具备什么条件？ ……12

5. 现场巡视一般可分为哪几类？ ……………………12

6. 巡视设备的方法有哪几种？ ………………………13

7. 在什么情况下应增加巡视次数？ …………………13

8. 特殊巡视一般包括哪些重点检查项目？ …………14

9. 雷雨天气巡视室外高压设备应注意什么？ ………15

10. 发生灾害时能否进行巡视？ ………………………15

11. GIS 设备巡视检查的内容有哪些? ………………15

第二节　倒闸操作 ……………………………………15

1. 什么是倒闸操作？ …………………………………15

2. 倒闸操作应防止哪些误操作?············· 16

3. 倒闸操作分为哪三类操作？············· 16

4. 倒闸操作可以通过哪些方式完成？········· 17

5. 倒闸操作前，应做好哪些准备工作？······· 17

6. 哪些操作需填入操作票？·············· 17

7. 对操作票的编号及保存有什么规定？······· 17

8. 倒闸操作票填写有何要求？············· 18

9. 倒闸操作的基本条件有哪些？············ 18

10. 如何正确执行倒闸操作指令？··········· 18

11. 倒闸操作过程中如果发生疑问怎么办？····· 19

12. 倒闸操作的执行程序一般分为哪几步？····· 19

13. 需要停用和退出防误操作闭锁装置时怎么办？····· 20

14. 倒闸操作过程中需要解锁怎么办？········ 20

15. 倒闸操作指令分为哪几种？············ 20

16. 单电源线路停送电操作的技术原则有哪些？····· 21

17. 电气设备操作后的位置应如何判断？······ 21

18. 双电源线路停送电操作技术原则有哪些？···· 21

19. 双电源或三电源变压器的停送电操作技术原则
有哪些？······················· 22

20. 500kV 线路高压并联电抗器停送电操作顺序是
什么？························· 22

21. 哪些操作可不用操作票？············· 22

22. 换流站直流系统如何操作？············ 22

23. 监护人在操作票中的安全责任是什么？····· 23

24. 倒闸操作预令可否作为正式执行命令？····· 23

第三节 故障及异常处理················· 23

1. 发生人身触电时怎么办？·············· 23

2. 变电站出现故障和异常情况时怎么办？······ 23

3. 变电设备出现异常信号应该怎么办？······· 24

4. 什么情况下运维人员可自行操作？········· 24

5. 停电时在母线差动保护的电流互感器两侧装设接

　　地线（或合接地开关）对安全运行有何影响？……24

6. 停低频率减负荷装置时，只停跳闸连接片，不停
　　放电连接片对线路的安全运行有何影响？…………25

7. 运行中发现铁磁谐振过电压时怎么办？…………25

8. 变压器发生哪些危急情况应紧急停运？…………25

9. 变压器低压侧出口母线未加装绝缘护套，对变压器
　　安全运行有何影响？……………………………26

10. 变压器"某侧复合电压闭锁"连接片何时退出？
　　对保护有何影响？………………………………26

11. 变压器压力释放连接片投信号还是投跳闸？如果
　　投跳闸对变压器安全运行有何影响？……………26

12. 什么原因可能会造成变压器压力释放误动作？
　　为什么？…………………………………………27

13. 取运行中变压器的瓦斯气体时有哪些安全注意
　　事项？……………………………………………27

14. 瓦斯保护是怎样对变压器起保护作用的？………27

15. 变压器在运行时，出现油面过高或有油从油枕中
　　溢出时怎么办？…………………………………28

16. 发现变压器油位过高怎么办？……………………28

17. 变压器出现渗漏油时应如何处理？………………28

18. 变压器套管接点发热应怎么办？…………………29

19. 变压器套管出现裂纹对变压器安全运行有何
　　影响？……………………………………………29

20. 变压器什么情况下不准过负荷？若过负荷了应
　　怎么办？…………………………………………29

21. 变压器事故过负荷跳闸应怎么办？………………30

22. 变压器着火怎么办？………………………………30

23. 高压并联电抗器保护动作跳闸怎么办？…………31

24. 高压并联电抗器本体严重漏油怎么办？…………31

25. 高压并联电抗器着火怎么办？……………………32

26. 正常方式下投入（或漏退）充电保护对安全运行

有何影响？ …………………………………………… 32

27. 220kV 线路断路器一相未断开情况下，拉开隔离
开关会造成什么后果？ ……………………………… 33

28. 为什么断路器充电保护误投或漏退，易造成充电
保护误动作？ ……………………………………… 34

29. 断路器操作时出现异常情况怎么办？ …………… 34

30. 断路器越级跳闸时怎么办？ ……………………… 35

31. 弹簧储能操动机构的断路器发出"弹簧未拉紧"
信号时怎么办？ …………………………………… 35

32. 非故障情况下，当可进行单相操作的断路器发出
"断路器三相位置不一致"信号时怎么办？ ……… 35

33. 倒停母线时，拉母联断路器前有哪些安全注意
事项？ ……………………………………………… 36

34. 母联断路器向母线充电后发生谐振怎么办？送电
时如何避免？ ……………………………………… 36

35. 断路器拒绝分闸有几种情况？事故情况下断路器
拒绝分闸会有什么后果？ ………………………… 36

36. 联络线路跳闸怎么办？ …………………………… 36

37. 电磁操动机构的断路器合闸后合闸接触器的触点
打不开怎么办？ …………………………………… 37

38. 断路器拒绝合闸怎么办？ ………………………… 37

39. 断路器手动分、合闸有何不安全因素？ ………… 38

40. 断路器 SF_6 压力低怎么办？ ……………………… 38

41. SF_6 断路器本体严重漏气怎么办？ ……………… 38

42. GIS 及 SF_6 断路器运行维护有哪些安全注意
事项？ ……………………………………………… 39

43. 电动隔离开关应在后台机上操作还是就地操作？
如果隔离开关远控失灵怎么办？ ………………… 39

44. 隔离开关操作时发生异常应该怎么办？ ………… 40

45. 避雷器发生断裂故障怎么办？ …………………… 40

46. 避雷器发生引线脱落故障怎么办？ ……………… 40

47. 避雷器瓷套裂纹时怎么办？⋯⋯⋯⋯⋯⋯⋯⋯41

48. 避雷器发生外绝缘套污闪或冰闪故障怎么办？⋯⋯41

49. 发现避雷器的泄漏电流值异常怎么办？⋯⋯⋯⋯41

50. 避雷器发生爆炸、阀片击穿或内部闪络故障
   怎么办？⋯⋯⋯⋯⋯⋯⋯⋯⋯⋯⋯⋯⋯⋯⋯⋯⋯42

51. 处理故障电容器时有哪些安全注意事项?⋯⋯⋯⋯42

52. 发现电容器渗漏油怎么办？⋯⋯⋯⋯⋯⋯⋯⋯⋯42

53. 发生电容器爆炸事故时怎么办？⋯⋯⋯⋯⋯⋯⋯43

54. 电容器运行电压过高怎么办？⋯⋯⋯⋯⋯⋯⋯⋯43

55. 电流互感器发生内部故障怎么办？⋯⋯⋯⋯⋯⋯43

56. 电流互感器出现哪些异常情况应立即停用？⋯⋯44

57. 电流互感器爆炸怎么办？⋯⋯⋯⋯⋯⋯⋯⋯⋯⋯44

58. 运行中发现电流互感器有异常声音怎么办？⋯⋯45

59. 电流互感器过负荷对安全运行有何影响？过负荷
   怎么办？⋯⋯⋯⋯⋯⋯⋯⋯⋯⋯⋯⋯⋯⋯⋯⋯⋯45

60. 电压互感器发生故障怎么办？⋯⋯⋯⋯⋯⋯⋯⋯45

61. 电压互感器出现哪些异常情况应立即停用？⋯⋯45

62. 电压互感器二次短路时怎么办？⋯⋯⋯⋯⋯⋯⋯46

63. 为什么电缆线路停电后必须充分放电方可装设
   接地线？⋯⋯⋯⋯⋯⋯⋯⋯⋯⋯⋯⋯⋯⋯⋯⋯⋯46

64. 母线失压怎么办？⋯⋯⋯⋯⋯⋯⋯⋯⋯⋯⋯⋯⋯46

65. 中性点与零点、零线的区别是什么?⋯⋯⋯⋯⋯47

66. 35kV 同一条母线上两条线路同相接地怎么办？⋯⋯47

67. 室外母线接头容易发热的原因是什么?⋯⋯⋯⋯47

68. 硬母线装设伸缩接头的原因是什么?⋯⋯⋯⋯⋯47

69. 站用交流电压全部消失时怎么办？⋯⋯⋯⋯⋯⋯47

70. 如何查找直流接地？⋯⋯⋯⋯⋯⋯⋯⋯⋯⋯⋯⋯48

71. 查找直流接地应遵循哪些原则？⋯⋯⋯⋯⋯⋯⋯49

72. 直流系统中若发出母线电压过低信号怎么办？⋯⋯49

73. 直流电源小开关跳开时怎么办？⋯⋯⋯⋯⋯⋯⋯49

74. 运维人员若发现工作班成员有违反规程的情况

怎么办? ……………………………………… 50

75. 电能表出现异常怎么办? …………………… 50

76. 什么是智能终端和合并单元? ……………… 50

77. 变电站光纤保护通道不通会造成什么后果? 应
怎么处理? ……………………………………… 50

78. 变电站全站失压怎么办? …………………… 50

79. 在监控机上遥控操作时, 当控制命令发出后,
遥控拒动怎么办? ……………………………… 51

80. 哪些情况不得进行遥控操作? ……………… 51

81. 变电站监控系统出现异常情况怎么办? …… 51

82. 监控机上进行遥控操作, 控制命令发出后, 返校
不成功怎么办? ………………………………… 52

83. 监控机上遥测数据不更新怎么办? ………… 53

84. 监控机上进行变压器分接头的调整(遥调), 遥调
命令发出后, 遥调拒动怎么办? ……………… 53

第三章　变电检修部分 ……………………………… 54

第一节　变压器类设备检修 ……………………… 54

1. 变压器进行例行检修时有哪些注意事项? ……… 54

2. 变压器检修的环境要求有哪些? ……………… 55

3. 变压器小修一般包括哪些内容? ……………… 55

4. 变压器大修有哪些项目? ……………………… 55

5. 变压器运输时应注意哪些事项? ……………… 56

6. 变压器吊芯起吊过程中应注意哪些事项? …… 56

7. 变压器套管在安装前应检查哪些项目? …… 56

8. 设备的接触电阻过大时有什么危害? ………… 57

9. 常用的减少接触电阻的方法有哪些? ………… 57

10. 有载调压的原理是什么? …………………… 57

11. 有载调压操动机构必须具备哪些基本功能? ……… 57

12. 给运行中的变压器补充油时应注意什么? …… 57

13. 对电流互感器进行例行检修时注意哪些事项? …… 58

14. 对电压互感器进行例行检修时应注意哪些事项? …… 58

7

15. 互感器安装时应检查哪些内容?····················58

16. 互感器哪些部位应妥善接地?····················59

17. 油浸式互感器采用金属膨胀器有什么作用?·······59

18. 电压互感器二次侧为什么必须接地?··············59

19. 电流互感器和电压互感器二次为什么不许互相
    连接?···59

20. 电压互感器在一次接线时应注意什么?···········59

21. 新型互感器使用了哪些新材料?这类产品具有
    哪些优越性?······································60

22. 对消弧线圈成套装置（干式）进行例行检修时应
    注意哪些安全事项？······························60

23. 对消弧线圈成套装置（油浸）进行例行检修时应
    注意哪些安全事项？······························60

24. 对站用变压器进行例行检修时应注意哪些事项？···61

第二节　开关类设备检修····························61

1. 高压断路器的主要作用是什么？··················61

2. 高压断路器的检修分为哪几种？··················61

3. 断路器为什么要定期进行小修和大修？···········61

4. 按操作能源性质的不同，操动机构可分为
   哪几种？···62

5. 液压操动机构的主要优缺点及适用场合是什么?···62

6. 什么原因造成液压机构合闸后又分闸？···········62

7. 断路器跳跃时，对液压操动机构如何处理?········62

8. 电动操动机构电动机主回路故障有哪些？·········63

9. 断路器缓冲装置的作用是什么？··················63

10. 断路器检修过程中应注意哪些安全事项？·········63

11. 测量断路器分、合闸同期性的意义是什么？·······63

12. 断路器分、合闸速度的快慢对断路器的影响有
    哪些？···64

13. 断路器的分、合闸速度不符合要求时应如何
    处理?··64

14. 真空断路器的灭弧原理是什么？······ 64

15. 哪种情况下不得搬运开关设备？······ 65

16. SF$_6$ 断路器的优缺点有哪些？······ 65

17. 检修 SF$_6$ 配电装置时应注意什么？······ 65

18. SF$_6$ 设备充气时应注意哪些事项？······ 66

19. 怎样使 SF$_6$ 设备中的气体含水量达到要求？······ 66

20. SF$_6$ 断路器气体系统检修的项目及技术要求是什么？······ 66

21. SF$_6$ 断路器导电回路电阻超标的原因有哪些？应怎样处理？······ 66

22. 隔离开关在检修前，应检查哪些项目？······ 67

23. 隔离开关的小修项目有哪些要求？······ 67

24. 隔离开关的大修项目主要有哪些？······ 67

25. 隔离开关作业有哪些危险点？相应的安全措施应怎么做？······ 68

26. 隔离开关接触面如何检修？······ 68

27. 长期运行的隔离开关，其常见的缺陷有哪些？······ 68

28. 隔离开关触头过热有哪些原因？······ 69

29. 隔离开关传动部分故障有哪些？······ 69

30. 隔离开关导电部分检修的项目和技术要求的规定有哪些？······ 69

31. 隔离开关检修完毕后，调试试验前的检查项目及标准是什么？······ 70

32. 高压开关柜的故障类型有哪些？······ 70

33. 高压开关柜故障应重点查找哪些元件？······ 70

34. 开关柜检修中怎样防止发生机械伤害？······ 71

35. 高压开关柜中常说的"五防"设计，主要是哪五种防护措施的设计要求？······ 71

36. 开关柜的联锁装置设置了哪些联锁功能，可以防止误操作，有效地保护操作人员和开关柜？······ 71

37. 开关柜中防止带电合接地开关是怎样实现的？······ 72

38. 开关柜"五防"闭锁装置检修后的验收内容及要求
　　有哪些？ ………………………………………………72
39. 开关柜母线室的主要检修内容有哪些？ …………72
40. 安装手车式高压断路器柜时应注意哪些问题? ……73
41. GIS 设备安装或检修时现场环境应注意什么？ ……73
42. GIS 设备安装或检修时现场工作人员的着装应
　　注意什么？ ……………………………………………73
43. GIS 设备安装或检修时应如何保证人身安全？ ……73
44. GIS 设备抽真空的标准是什么？ ……………………74
45. 哪些情况下 GIS 设备需要装设快速接地开关？ ……74
第三节　四小器类设备及接地装置检修 ……………………74
1. 对避雷器进行例行检修时应注意哪些事项？ ………74
2. 避雷器在安装前应检查哪些项目? …………………75
3. 并联电容器定期检修时应注意什么？ ………………75
4. 在并联电容器的回路通常串联电抗器的作用是
　　什么？ …………………………………………………75
5. 电容器的搬运和保存应注意什么? …………………75
6. 电力电容器在安装前应检查哪些项目? ……………76
7. 室内电容器的安装有哪些要求? ……………………76
8. 电力电容器的常见故障有哪些？应如何处理？ ……76
9. 电力电缆本体检修时应注意什么？ …………………77
10. 电缆敷设后进行接地网作业时应注意什么? ………77
11. 硬母线常见故障有哪些? ……………………………77
12. 母线相序排列的一般规定有哪些？ …………………77
13. 硬母线哪些地方不准涂漆? …………………………78
14. 硬母线作业时应注意哪些事项？ ……………………78
15. 绝缘子串、导线及避雷线上各种金具的螺栓的
　　穿入方向有什么规定? ………………………………78
16. 为什么用螺栓连接平放母线时，螺栓由下
　　向上穿? ………………………………………………78
17. 硬母线怎样进行调直? ………………………………78

18. 软母线更换时应注意哪些事项？ …………………… 79

19. 绝缘子发生闪络放电现象的原因是什么?应如何
处理？ ………………………………………………… 79

20. 悬式绝缘子更换时应注意哪些安全事项？ ……… 79

21. 支柱绝缘子更换时应注意哪些安全事项？ ……… 80

22. 接地装置的常见异常及处理方法有哪些？ ……… 80

23. 接地装置竣工交接验收的检验内容有哪些？ …… 81

第四章　电气试验 ……………………………………… 82

　第一节　现场安全措施准备 …………………………… 82

　　1. 一个电气连接部分同时有检修和试验时，应如何
　　　使用工作票？ ……………………………………… 82

　　2. 电气试验前应做哪些工作？ …………………… 82

　　3. 电气试验时现场应注意什么？ ………………… 83

　　4. 电气试验时，对试验装置接地、高压引线及电源
　　　开关有何要求？ …………………………………… 83

　　5. 试验电源接取应注意哪些事项？ ……………… 83

　　6. 对未装地线的大电容被试设备进行放电接地时有
　　　哪些注意事项？ …………………………………… 84

　　7. 电气试验断开设备接头时应注意什么？ ……… 84

　　8. 电气试验接线时应注意哪些？ ………………… 84

　　9. 电气试验人员在对设备加压时应注意什么？ … 85

　　10. 变更接线或试验结束时，应做哪些工作？ …… 85

　第二节　一次设备停电的电气试验作业 …………… 85

　　1. 使用携带型仪器测量时的注意事项有哪些？ … 85

　　2. 使用绝缘电阻表时的注意事项有哪些？ ……… 86

　　3. 在高压回路上使用钳形电流表测量时的注意事项有
　　　哪些？ ……………………………………………… 87

　　4. 进行变压器绕组变形试验时的注意事项有哪些？ … 87

　　5. 使用变压器直流电阻测试仪器时的注意事项有
　　　哪些？ ……………………………………………… 88

　　6. SF_6 断路器交流耐压试验时的注意事项有哪些？ … 88

7. 做 GIS 交流耐压试验时应特别注意哪些方面？……88

8. 变压器、电抗器和消弧线圈试验时的注意事项
   有哪些？……………………………………88

9. 氧化锌避雷器试验时的注意事项有哪些？…………89

10. 电力电缆绝缘试验时的注意事项有哪些？……89

11. SF_6 电流互感器交流耐压试验时的注意事项有
    哪些？…………………………………………90

12. 变压器空载试验为什么最好在额定电压下进行?…90

13. 电流互感器二次侧开路为什么会产生高电压?……90

14. 气体绝缘金属封闭开关设备进行现场调试时的
    注意事项有哪些？……………………………90

15. 橡塑电力电缆线路耐压试验过程中应注意什么?…91

16. 阻抗电压不等的变压器并联运行时会出现什么
    情况？…………………………………………91

17. 测量接地阻抗时应注意什么?……………………92

第三节 一次设备不停电的电气试验作业 ………………92

1. 为什么电力设备绝缘带电测试要比停电试验更能
   提高检测的有效性?……………………………92

2. SF_6 气体中混有水分有何危害？………………93

3. 为什么要对运行中避雷器进行带电监测？…………93

4. 为什么 SF_6 断路器中 SF_6 气体的额定压力不能
   过高？…………………………………………93

5. 高压电气设备中 SF_6 气体水分的主要来源是什么？…94

6. 对不同电压等级系统中的 SF_6 电气设备，在什么
   情况下需要进行 SF_6 诊断性检测？……………94

7. 变电设备红外测温过程中的注意事项有哪些？……94

8. 开关柜暂态地电压检测过程中的安全注意事项
   有哪些？………………………………………94

9. GIS 设备局部放电带电测试的安全注意事项
   有哪些？………………………………………95

10. 哪些情况下不宜进行 SF_6 气体微水测试?…………95

11. SF$_6$气体湿度检测过程中的安全注意事项有哪些？···· 96

12. 电容型设备介质损耗因数及电容量带电测试的
    注意事项有哪些？··················· 96

13. 为什么要对变压器油进行色谱分析?··········· 97

14. 取变压器及注油设备的油样时应注意什么?········· 97

第五章　站用交直流电源系统·················· 98

1. 进行低压带电工作时，安全注意事项是什么？··· 98

2. 低压回路停电的安全措施是什么？··········· 98

3. 直流系统在电力系统中的作用及其重要性是什么？···· 98

4. 哪些情况应填用二次工作安全措施票？········· 99

5. 二次工作安全措施票的执行有何规定？··········· 99

6. 进入蓄电池室进行工作时，有哪些注意事项？······· 99

7. 蓄电池定期充放电的意义是什么?··········· 99

8. 蓄电池室照明有何规定?················ 100

9. 对蓄电池室的取暖设备和室温有何要求？········· 100

10. 蓄电池浮充电方式运行有哪些注意事项？········ 100

11. 蓄电池浮充电的目的和方法是什么？··········· 100

12. 蓄电池均衡充电的意义是什么？············· 101

13. 阀控密封式铅酸蓄电池在什么情况下应进行补充
    充电或均衡充电？··················· 101

14. 以浮充电运行的铅酸蓄电池组在做定期充放电时，
    有哪些注意事项?··················· 101

15. 如何进行铅酸蓄电池核对性充、放电?········· 102

16. 阀控铅酸蓄电池安全阀的作用是什么？········· 102

17. 交直流熔断器日常巡视检查的内容有哪些？······· 102

18. 直流熔断指示器起什么作用？············· 102

19. 直流系统为什么要装设绝缘监察装置?········· 102

20. 变电站直流系统分成若干回路供电，各个回路
    不能混用，为什么?················· 103

21. 低压交直流回路能否共用一条电缆?············· 103

22. 更换熔断器熔体时，为保证安全应注意哪些

事项？……………………………………………………… 103

23. 直流母线电压监视装置有什么作用?母线电压过高
或过低有何危害?…………………………………… 103

24. 蓄电池及其台架清扫有哪些安全注意事项？……… 104

25. 进行蓄电池巡视维护工作时，应注意并做好
哪些工作？………………………………………… 104

26. 蓄电池组更换时有哪些注意事项？………………… 104

27. 寻找直流接地时应注意的事项有哪些?…………… 105

28. 直流系统发生正极接地和负极接地时对运行
有何危害?…………………………………………… 105

29. 直流系统保护电器级差配置的原则是什么？…… 105

30. 现场端子箱为何不应交直流混装？………………… 106

31. 单只蓄电池更换的方法是什么？注意事项
有哪些？…………………………………………… 106

32. UPS 设备维护的安全事项有哪些？………………… 107

33. 直流电缆的选择原则是什么？……………………… 107

第六章　特高压部分 ……………………………………… 108
第一节　系统运行与倒闸操作 …………………………… 108

1. 1000kV 特高压交流变电站的巡视检查分为哪几类,
巡视频次如何要求？………………………………… 108

2. 什么是例行巡视和全面巡视？……………………… 108

3. 1000kV 特高压变电站什么情况下应进行特殊
巡视？………………………………………………… 108

4. 特高压交流变电站中对于计划性工作中的倒闸
操作如何执行？……………………………………… 109

5. 特高压交流变电站日常维护工作包括哪些？……… 109

6. 特高压交流变电站中设备定期轮换、试验工作内容
主要包括哪些？……………………………………… 110

7. 特高压交流变电站应有哪些记录台账？…………… 110

8. 1000kV 特高压交流变电站需进行哪些带电检测
工作？………………………………………………… 111

9. 1000kV 特高压交流变电站红外测温周期如何
　　要求？……………………………………………………111

10. 1000kV 设备倒闸操作有哪些要求？…………112

11. 1000kV 系统倒闸操作有哪些特殊要求？…………112

12. 1000kV 主变压器停送电操作顺序和注意事项
　　是什么？……………………………………………112

13. 操作 1000kV 主变压器低压侧 110kV 低压无功
　　补偿装置有哪些特殊要求？………………113

14. 为何 1000kV 线路高抗不装设出线隔离开关？……113

15. 1000kV 固定串补操作时分哪几种状态？…………113

16. 1000kV 串补线路的停送电操作顺序是什么？……114

17. 1000kV 串补装置旁路断路器运行维护和倒闸操作
　　有哪些注意事项？………………………………114

18. 1000kV 串补装置电容器组在运行中有哪些安全
　　注意事项？………………………………………114

19. 1000kV 系统操作时如何防止铁磁谐振？…………115

20. 1000kV 系统为何要配置无功就地补偿装置？……115

第二节　特高压一次部分………………………………116

1. 1000kV 主变压器为什么采用中性点调压方式？……116

2. 1000kV 主变压器为什么要采用主体变和调压补偿
　　变分体式布置？………………………………………117

3. 1000kV 主变压器采用中性点变磁通调压的
　　优缺点？………………………………………………118

4. 调节无载分接开关后，为什么要进行直流电阻
　　测试？…………………………………………………118

5. 1000kV 主变压器无载分接开关运维中有哪些
　　注意事项？……………………………………………118

6. 运行中 1000kV 主变压器和高抗油样化验周期及
　　溶解气体注意值是多少？…………………………118

7. 1000kV 主变压器和高抗绝缘油油质标准与 500kV
　　相比有什么不同？…………………………………119

8. 1100kV GIS\HGIS 设备气室划分原则是什么？…… 119

9. 断路器合闸电阻的作用及提前投入时间是
多少？………………………………………… 119

10. 为监控设备运行状态 1000kV 主变压器和高抗分别
安装了哪些在线监测装置？各监测哪些量？…… 119

11. 低压并联电容器补偿装置中串抗率有几种？不同
串抗率作用有何不同？…………………………… 120

第三节 特高压二次部分 ……………………………… 120

1. 特高压交流系统故障的电气特征有别于常规电压
等级主要体现在哪些方面？……………………… 120

2. 1000kV 主变压器差动保护配置情况与 500kV
有何不同？………………………………………… 121

3. 调压变差动保护为何在不同挡位采用不同
定值区？…………………………………………… 121

4. 调压变差动保护为何在不同挡位采用不同
定值区？…………………………………………… 121

第四节 特高压安全工器具的使用 ………………………… 122

1. 特高压生产运行有哪些特殊安全工器具？………… 122

2. 1000kV 电压各种安全距离分别是多少？………… 122

3. 如何正确使用 1000kV 验电器？………………… 122

4. 如何正确穿戴和保管 1000kV 静电屏蔽服？……… 123

5. 如何挂接 1000kV 接地线？……………………… 123

第五节 故障及异常处理 ………………………………… 124

1. 设备发生故障及异常时报告的程序有哪些？……… 124

2. 1000kV 主变压器冷却器发生故障及异常如何
处理？……………………………………………… 124

3. 1000kV 并联电抗器重瓦斯保护动作后如何
处理？……………………………………………… 125

4. 1000kV 断路器出现分闸闭锁和合闸闭锁时应
如何处理？………………………………………… 125

第七章　计量作业及其他部分…………………………126

　第一节　计量作业……………………………………126

　　1. 110kV 及以上互感器试验防触电的安全注意事项
　　　有哪些？………………………………………126

　　2. 带电更换电能表防触电安全注意事项有哪些？……126

　　3. 带电安装、更换电压监测仪安全注意事项有
　　　哪些？…………………………………………127

　　4. 带电安装、更换电能量采集终端安全注意事项有
　　　哪些？…………………………………………127

　　5. 谐波测试时的安全注意事项有哪些？…………127

　　6. 现场电能表误差测试的安全注意事项有哪些？……128

　　7. 用户现场装表接电的安全注意事项有哪些？……128

　　8. 电压互感器试验防止二次侧反送电的安全措施
　　　是什么？………………………………………129

　　9. 在带电的电压互感器二次回路上工作应注意的
　　　安全事项是什么？……………………………129

　　10. 计量二次工作安全措施票的内容包括什么？……129

　　11. 执行二次工作安全措施票的注意事项是什么？…130

　　12. 高供高计用户停电装表接电的安全措施有哪些？…130

　　13. 高供低计用户停电装表接电的安全措施有哪些？…130

　　14. 在屏上打眼防止因振动引起设备误动的措施有
　　　哪些？…………………………………………130

　　15. 实验室电能表检验的安全注意事项有哪些？……131

　　16. 实验室高压互感器检验的安全注意事项有
　　　哪些？…………………………………………131

　第二节　其他部分……………………………………132

　　1. 火灾类别及危险等级有几类？…………………132

　　2. 气焊与气割的概念分别是什么？………………132

　　3. 常用氧气瓶和乙炔瓶、液化石油气瓶的构造是
　　　什么？…………………………………………132

　　4. 如何划分动火级别？……………………………133

5. 哪些情况下禁止动火作业？……………………… 133

6. 高空焊接工作有什么要求？…………………… 134

7. 动火工作票签发人、工作负责人、执行人员有什么
   要求？…………………………………………… 134

8. 安全工器具使用总体要求有什么？…………… 134

9. 起重作业的定义是什么？有哪些分类？……… 135

10. 电缆井盖、沟盖板、电缆隧道工作有何要求？…… 135

11. 进入室内 SF_6 设备区有何规定？…………… 135

12. 变电站发生火灾事故时怎么办？……………… 136

13. SF_6 设备发生大量泄漏等紧急情况应该
    怎么办？………………………………………… 136

14. 变电站使用的正压式空气呼吸器有什么作用？
    如何使用？……………………………………… 137

15. 消防过滤式自救呼吸器的作用？如何使用？…… 137

16. 简述高空作业车的定义及分类。……………… 138

17. 带电体附近使用起重机械注意事项有哪些？…… 138

第一章 一般安全要求

1. 变电作业现场作业人员一般要求有哪些？

答：（1）身体健康，无妨碍工作的病症。例如，严重的心脏病、高血压等。

（2）完成上岗前的安全、技能培训，并取得相应的"电力生产安全资格证""岗位培训合格证书"，学会紧急救护法，特别要学会触电急救法。

（3）工作前作业人员精神状态良好。作业人员作业前、作业中不能喝酒；不能有嗜睡、疲倦现象；不能有精神不振或注意力不集中的现象。

例如，××年××月××日，××局地调值班员由于精力不集中，在下令解环时，错误地下达了用隔离开关解环的操作指令，变电站人员也没有认真核对调度操作指令是否正确，盲目执行，导致变电站解环操作的隔离开关烧坏，断路器、主变压器跳闸，造成本站母线及出线大面积停电的事故。

（4）进入作业现场应正确佩戴安全帽，现场作业人员应穿全棉长袖工作服、绝缘鞋。

例如，××电厂1号机抽气管弯头爆破，造成三名滤油工被喷出的高温蒸汽烫伤，1人死亡2人烧伤事故。事故发生后分析，是由于着装不规范增大了烧伤程度。

（5）作业过程中不得随意接打电话，不做与工作无关的事情，以免影响工作时的注意力。

2. 哪些作业要进行现场勘察？

答：对于施工现场环境复杂、危险因素多、工作范围广、工作任务繁杂等工作应进行现场勘察；施工时如需采取特殊施工方法、

1

特殊安全措施的施工也应进行现场勘察；变电检修（施工）作业，工作票签发人或工作负责人认为有必要现场勘察的。检修（施工）单位应根据工作任务组织现场勘察，并填写现场勘察记录。现场勘察由工作票签发人或工作负责人组织。

3. 变电作业前现场勘察的内容有哪些？

答：（1）现场勘察内容有：对照现场核对一、二次接线图，二次屏柜位置图、现场设备实际位置，彻底查明作业地点反送电所有电源。

（2）对工作范围广、工作任务繁杂等较为复杂的作业项目，有关人员必须在工作前对现场周围带电部位、大型作业器械的行走路线和工作位置，以及对作业构成障碍的物体等核查清楚，发现作业中的危险点并制定可行的作业方案、可靠的安全防护措施。

（3）对处理设备缺陷的工作，在处理缺陷前必须将缺陷发生原因、处理方式，以及处理工作时对现场条件的要求、工作中的安全注意事项等核查清楚。

例如：2001 年 10 月 23 日，××供电分公司 220kV××变电站在拆除旧电缆时，由于对现场情况了解不清楚、没有采取相应安全措施，也没有进行现场勘察，导致将要拆除的旧电缆滑落，掉到下方的 220kV 母线上，造成 220kV 母线相间短路，全站停电的事故。

4. 如何开展施工前的风险评估？

答：现场勘察结束后，编制"施工组织措施、安全措施、技术措施"，填写工作票前，应针对作业开展风险评估工作；风险评估应针对现场存在的触电伤害、高处坠落、物体打击、机械伤害、特殊环境作业等方面存在的危险因素，全面开展风险评估；风险评估一般由工作票签发人或工作负责人组织。

5. 设备安装前的准备工作有哪些？

答：（1）进行施工前的现场勘察，编制施工组织措施、安全措施、技术措施，开展风险评估。

（2）组织学习上述措施、有关说明书，制定作业指导书，熟悉作业危险点。

（3）根据施工图准备施工材料运抵施工现场。

（4）准备好作业所需图纸资料及工器具。

（5）核对变电站系统方式和运行状况（如缺陷和异常情况）。

6. 在电气设备上工作可使用哪几类工作票？

答：（1）变电站（发电厂）第一种、第二种工作票。

（2）电力电缆第一种、第二种工作票。

（3）变电站（发电厂）带电作业工作票。

（4）变电站（发电厂）事故紧急抢修单。

7. 哪些工作应填用第二种工作票？

答：（1）控制盘和低压配电盘、配电箱、电源干线上的工作。

（2）二次系统和照明等回路上的工作，无须将高压设备停电者或做安全措施者。

（3）转动中的发电机、同期调相机的励磁回路或高压电动机转子电阻回路上的工作。

（4）非运维人员用绝缘棒、核相器和电压互感器定相或用钳形电流表测量高压回路的电流。

（5）大于表 1–1 设备不停电时的安全距离的相关场所和带电设备外壳上的工作以及无可能触及带电设备导电部分的工作。

表 1–1　　　　　　　　设备不停电时的安全距离

电压等级（kV）	安全距离（m）	电压等级（kV）	安全距离（m）
10 及以下（13.8）	0.70	500	5.00
20、35	1.00	750	7.20
66、110	1.50	1000	8.70
220	3.00	±50 及以下	1.50
330	4.00	±400	5.90

电压等级（kV）	安全距离（m）	电压等级（kV）	安全距离（m）
±500	6.00	±800	9.30
±660	8.40		

注 ① 表中未列电压等级按高一档电压等级确定安全距离。
② ±400kV 数据是按海拔 3000m 校正的，海拔 4000m 时安全距离为 6.00m。750kV 数据是按海拔 2000m 校正的，其他等级数据按海拔 1000m 校正。

（6）高压电力电缆不需停电的工作。

（7）换流变压器、直流场设备及阀厅设备上工作，无须将直流单、双极或直流滤波器停用者。

（8）直流保护控制系统的工作，无须将高压直流系统停用者。

（9）换流阀水冷系统、阀厅空调系统、火灾报警系统及图像监视系统等工作，无须将高压直流系统停用者。

8. 哪些工作应填用带电作业工作票？

答： 带电作业或与邻近带电设备距离小于表 1–1、大于表 1–2 规定的工作。

表 1–2　　　　　　带电作业时人身与带电体间的安全距离

电压等级（kV）	10	35	66	110	220	330	500	750	1000	±400	±500	±600	±800
距离（m）	0.4	0.6	0.7	1.0	1.8 (1.6)[a]	2.6	3.4 (3.2)[b]	5.2 (5.6)[c]	6.8 (6.0)[d]	3.8[e]	3.4	4.5[f]	6.8

注 表中数据是根据线路带电作业安全提出的。

[a] 220kV 带电作业安全距离因受设备限制达不到 1.8m 时，经单位批准，并采取必要的措施后，可采用括号内 1.6m 的数据。

[b] 海拔 500m 以下，500kV 取值为 3.2m，但不适用于 500kV 紧凑型线路。海拔在 500～1000m 时，500kV 取值为 3.4m。

[c] 直线塔边相或中相值。5.2m 为海拔 1000m 以下值，5.6m 为海拔 2000m 以下的距离。

[d] 此为单回输电线路数据，括号中数据 6.0m 为边相值，6.8m 为中相值，表中数值不包括人体占位间隙，作业中需考虑人体占位间隙不得小于 0.0m。

[e] ±400kV 数据是按海拔 3000m 校正的，海拔 3500、4000、4500、5000、5300m 时最小安全距离依次为 3.90、4.10、4.30、4.40、4.50m。

[f] ±660 数据是按海拔 500～1000m 校正的，海拔 1000～1500、1500～2000m 时最小安全距离依次为 4.70、5.00m。

9. 哪些工作应填用第一种工作票？

答：（1）高压设备上工作需要全部停电或部分停电者。

（2）二次系统和照明等回路上的工作，需要将高压设备停电者或做安全措施者。

（3）高压电力电缆需停电的工作。

（4）换流变压器、直流场设备及阀厅设备需要将高压直流系统或直流滤波器停用者。

（5）直流保护装置、通道和控制系统的工作，需要将高压直流系统停用者。

（6）换流阀冷却系统、阀厅空调系统、火灾报警系统及图像监控系统等工作，需要将高压直流系统停用者。

（7）其他工作需要将高压设备停电或要做安全措施者。

10. 哪些工作应填用事故紧急抢修单？

答：事故紧急抢修应填用工作票，或事故紧急抢修单。非连续进行的事故修复工作，应使用工作票。

11. 变电设备检修分为哪几种？

答：变电设备检修分为整体性检修（A 类检修）、局部性检修（B类检修）、一般性检修（C 类检修）和维护性检修（D 类检修）四种。

（1）整体性检修（A 类检修），是指设备的整体性检查、维修、更换和试验。

（2）局部性检修（B 类检修），是指设备局部性的检修，部件的解体检查、维修、更换和试验。

（3）一般性检修（C 类检修），是对设备常规性检查、维护和试验。

（4）维护性检修（D 类检修），是对设备不停电状态下进行的带电测试、外观检查和维修。

12. 工作许可人的安全责任有哪些？

答：（1）负责审查工作票所列安全措施是否正确、完备，是否符合现场条件。

（2）工作现场布置的安全措施是否完善，必要时予以补充。

（3）负责检查检修设备有无突然来电的危险。

（4）对工作票所列内容即使发生很小疑问，也应向工作票签发人询问清楚，必要时应要求作详细补充。

13. 工作许可人应完成哪些工作，才能许可工作？

答：（1）完成施工现场的安全措施。

（2）会同工作负责人到现场再次检查所做的安全措施，对具体的设备指明实际的隔离措施，证明检修设备确无电压。

（3）对工作负责人指明带电设备的位置和注意事项。

（4）和工作负责人在工作票上分别确认、签名。

14. 工作票填写与签发有何规定？

答：工作票由工作负责人填写，也可以由工作票签发人填写。

工作票由设备运维管理单位签发，也可由经设备运维管理单位审核合格且经批准的检修及基建单位签发。检修及基建单位的工作票签发人、工作负责人名单应事先送有关设备运维管理单位、调度控制中心备案。

15. 什么情况下工作票采用"双签发"？

答：承发包工程中，工作票可实行"双签发"形式。签发工作票时，双方工作票签发人在工作票上分别签名，各自承担本部分工作票签发人相应的安全责任。

16. 变电运维人员按照工作票要求布置安全措施确有困难应怎么办？

答：变电运维人员按照工作票要求布置安全措施确有困难时，可由检修人员协助进行配合布置，变电运维人员负责监护，并对此操作正确性负责。

17. 如何办理工作票许可开工手续?

答:(1)工作许可人、工作负责人各持一联工作票共同到工作现场,逐项核对安全措施。工作许可人每指一项,工作负责人核对一项,双方共同检查无误后,分别在右侧的"已执行"栏中打"√"。工作许可人应确切指明邻近的带电部位,并在"补充工作地点保留带电部分和安全措施(由工作许可人填写)"栏中填写工作地点保留带电部分和安全措施等内容。

(2)工作负责人确认现场安全措施与工作票所列内容相符,且满足工作要求,工作许可人填上许可开始工作时间,双方在工作票上分别签名,方可开工。

18. 工作负责人、专责监护人在开工前还应完成哪些工作?

答:工作许可手续完成后,工作负责人、专责监护人应向工作班成员交待工作内容、人员分工、带电部位和现场安全措施,进行危险点告知,并履行确认手续,工作班方可开始工作。

19. 工作全部完成后,还需完成哪些工作方可表示工作终结?

答:全部工作完成后,工作负责人安排工作班成员清扫、整理现场,并周密地自查所检修的设备,待全体作业人员撤离工作地点后,由工作负责人向工作许可人提出验收申请,并向工作许可人交待所修项目、发现的问题、试验结果和存在问题等,与工作许可人共同到施工现场检查设备状况、状态,有无遗留物件,是否清洁等,然后在工作票上填明工作结束时间。经双方签名后,表示工作终结。

多班组工作时,分工作负责人自检无问题后,带领工作班人员撤离工作地点,汇报总工作负责人,由总工作负责人向工作许可人提出验收申请。工作许可人会同总工作负责人、分工作负责人到工作现场检查验收。如发现问题,进行处理。无问题后,分工作负责人与总工作负责人在总、分工作票上履行工作终结手续。

20. 怎么办理工作票终结手续?

答:(1)待工作票上所装设的接地开关(装置)已拉开,接地线、绝缘隔板、临时遮拦已拆除，标示牌已取下，常设遮拦已恢复，工作许可人向值班调控人员汇报，在"工作许可人签名"处签名，并填写日期和时间，在工作票上加盖"已执行"章，工作票方可终结。

（2）因线路或其他工作未结束保留的接地线、接地开关，填写在"未拆除或未拉开的接地线编号及接地开关"处，并汇报值班调控人员，工作许可人签名、填写汇报日期和时间，加盖"已执行"章，工作票即可终结。但未拆除的接地线或未拉开的接地开关必须由运维人员和调控人员负责管理，运维人员做好记录，并按值移交，防止接地线或接地开关的遗漏。

（3）若未开工工作票中安全措施部分与拟结束的工作票中安全措施部分相同，可以直接将相同部分在备注栏中写清明细，转移至新工作票上，将拟结束的工作票办理工作票终结手续。

21. 工作票有破损能否继续使用？

答： 工作票有破损不能继续使用，应结束破损工作票，补填新的工作票，并重新履行签发许可手续。

22. 变电运维一体化哪些工作可不使用工作票？

答： 运维人员在实施不需要将高压设备停电或做安全措施的变电运维一体化工作时，可不使用工作票，但应以书面形式记录相应的操作和工作等内容（各单位应明确发布所实施的变电运维一体化业务项目及所采取的书面记录形式）。

23. 填写工作票有何要求？

答：（1）填写工作票或签发均应使用黑色或蓝色的钢（水）笔或圆珠笔，不得使用红色笔和铅笔，一式两份，内容应正确，填写应清楚，不得任意涂改。如有个别错、漏字需要修改，应使用规范的符号，字迹清晰。

（2）用计算机生成或打印的工作票应使用统一的票面格式，由工作票签发人审核无误，手工或电子签名后方可执行。

24. 总、分工作票如何填写?

答：第一种工作票所列工作地点超过两个，或有两个及以上不同的工作单位（班组）在一起工作时，可采用总工作票和分工作票。

（1）总、分工作票应由同一个工作票签发人签发。总工作票上所列的安全措施应包括所有分工作票上所列的安全措施。几个班同时进行工作时，总工作票的工作班成员栏内，只填明各分工作票的负责人，不必填写全部工作班人员姓名。分工作票上要填写工作班人员姓名。

（2）总、分工作票在格式上与第一种工作票一致。

25. 如何办理分工作票的许可和终结?

答：分工作票应一式两份，由总工作票负责人和分工作票负责人分别收执。分工作票的许可和终结，由分工作票负责人与总工作票负责人办理。分工作票应在总工作票许可后才可许可；总工作票应在所有分工作票终结后才可终结。

26. 预定时间工作尚未完成怎么办?

答：若至预定时间，一部分工作尚未完成，需继续工作而不妨碍送电者，在送电前，应按照送电后现场设备带电情况，结束原工作票，重新办理新的工作票，布置好安全措施后，方可继续工作。

27. 什么情况可使用同一张工作票?

答：（1）以下设备同时停送电可使用同一张一种工作票：属于同一电压等级、位于同一平面场所，工作中不会触及带电导体的几个电气连接部分；一台变压器停电检修，其断路器（开关）也配合检修；全站停电。

（2）同一变电站内在几个电气连接部分上依次进行不停电的同一类型的工作，可以使用一张第二种工作票。

（3）在同一变电站内，依次进行的同一类型的带电作业可以使用一张带电作业工作票。

28. 什么情况应增添工作票份数？

答： 正常情况下的检修工作使用的工作票是一式两份，当持线路或电缆工作票进入变电站或发电厂升压站进行架空线路、电缆等工作，应增添工作票份数，由变电站或发电厂工作许可人许可，并留存。

上述单位的工作票签发人和工作负责人名单应事先送有关运维单位备案。

29. 在原工作票的停电及安全措施范围内增加工作任务时应怎么办？

答： 在原工作票的停电及安全措施范围内增加工作任务时，应由工作负责人征得工作票签发人和工作许可人同意，并在工作票上增填工作项目。若需变更或增设安全措施者应填用新的工作票，并重新履行签发许可手续。

30. 工作票的送达有什么要求？

答：（1）第一种工作票应在工作前一日送达运维人员，可直接送达或通过传真、局域网传送，但传真传送的工作票许可应待正式工作票到达后履行。临时工作可在工作开始前直接交给工作许可人。

（2）第二种工作票和带电作业工作票可在进行工作的当天预先交给工作许可人。

31. 工作票的延期有什么规定？

答： 第一、二种工作票延期手续应在工期尚未结束以前由工作负责人向运维负责人提出申请（属于调控中心管辖、许可的检修设备，还应通过值班调控人员批准），由运维负责人通知工作许可人给予办理。第一、二种工作票只能延期一次。带电作业工作票不能办理延期，只能结束工作票，填写新的带电作业工作票，重新履行签发许可手续。

32. 第二种工作票是否可以电话许可？

答： 变电站（发电厂）第二种工作票可采取电话许可方式，但应录音,并各自做好记录。采取电话许可的工作票,工作所需安全措施可由工作人员自行布置,工作结束后应汇报工作许可人。

33. 工作许可人、工作负责人、工作票签发人可否相互兼任?

答:一张工作票中,工作许可人与工作负责人不得互相兼任。若工作票签发人兼任工作许可人或工作负责人,应具备相应的资质,并履行相应的安全责任。

34. 需要变更工作负责人应怎么办?

答:非特殊情况不得变更工作负责人,如确需变更工作负责人应由工作票签发人同意并通知工作许可人,工作许可人将变动情况记录在工作票上。工作负责人允许变更一次。原、现工作负责人应对工作任务和安全措施进行交接。

(1)工作票签发人在工作现场时,工作票签发人通知工作许可人(值班负责人),命令全部工作班人员停止工作,集中撤离工作现场,收回工作票。工作票签发人将工作票交给新的工作负责人,并详细交待工作内容及安全措施,由新、旧工作负责人正式办理交接手续,双方认为无问题后,在工作票上分别签名。新工作负责人将工作票交工作许可人(值班负责人)并经许可后,带领全体工作班人员进入工作现场,宣布重新开始工作。

(2)工作票签发人不在现场时,签发人将变动情况分别通知原工作负责人、新工作负责人、工作许可人,原工作负责人通知工作班人员停止工作、全体人员撤离工作现场,新、旧工作负责人进行交接后在工作票上分别签名,工作许可人代替工作票签发人填写变动时间及签名,并经许可后,新工作负责人带领全体工作班人员进入工作现场,宣布重新开始工作。

第二章 变 电 运 维

第一节 设 备 巡 视

1. 变电站设备巡视有什么作用？

答：通过对变电站设备的巡视检查，运维人员可随时掌握变电站各类设备的运行情况（即健康状况），及时发现设备的异常、变化情况，从而确保设备连续安全运行。

2. 高压设备室的钥匙管理有什么规定？

答：高压室的钥匙至少应有 3 把，由运维人员负责保管，按值移交。1 把专供紧急时使用，1 把专供运维人员使用，其他可以借给经批准的巡视高压设备人员和经批准的检修、施工队伍的工作负责人使用，但应登记签名，巡视或当日工作结束后交还。巡视室内高压设备，应随手关门（无人值班变电站应随手锁门）。

3. 为什么要按照巡视路线进行巡视设备？

答：为了防止在巡视检查设备中发生漏巡视和重复巡视设备情况，所以要按照巡视路线进行巡视设备。

4. 按照巡视路线进行巡视，应具备什么条件？

答：按照巡视路线进行巡视，应具备以下两个条件：

（1）提前绘制好正确合理的变电站巡视检查路线图。

（2）在各电压等级设备区做好巡视检查路线标志。

5. 现场巡视一般可分为哪几类？

答：现场巡视一般可分为四类：例行巡视、全面巡视、熄灯巡视、特殊巡视。

（1）例行巡视，是指对变电站站内设备及设施外观、设备音响、设备渗漏、监控系统、二次装置及辅助设施、异常告警、消防、安防系统完好性、变电站运行环境、缺陷和隐患跟踪检查等方面进行的常规性巡查。

（2）全面巡视，是指在例行巡视项目基础上，对站内设备开启箱门检查，记录设备运行数据，检查设备污秽情况，检查防火、防小动物、防误闭锁等有无漏洞，检查接地网及引线是否完好，检查变电站设备厂房等方面的详细巡查。

（3）熄灯巡视，是指夜间熄灯开展的巡视，重点检查设备有无电晕、放电、打火现象，及时发现设备发热。

（4）特殊巡视，是指恶劣天气，系统冲击、断路器跳闸、有接地故障时，新设备投运后，设备检修、改造或长期停运后重新投入运行后，设备缺陷有发展时，发生可能威胁设备运行的缺陷和隐患时，过负荷或负荷剧增、设备超温、发热时，法定节假日及上级通知有重要保供电任务时；电网供电的可靠性下降或存在较大电网事件（事故）风险所增加的非常规性巡视检查统称为特殊巡视。

6. 巡视设备的方法有哪几种？

答：常规巡视设备的方法一般有看、听、嗅、摸、测。

（1）看，设备油色、油位、油压、表计指示、导电连接部分、瓷件及机械部分、二次部分有无异常及损坏。

（2）听，设备声音是否正常。

（3）嗅，设备有无焦臭等异常气味。

（4）摸，在保证安全距离的前提下，检查可触及部位如变压器、油管外壳温度有无异常升高。

（5）测，采用红外成像仪，检查设备本体、设备导电部分连接处、接触面温度是否正常。

7. 在什么情况下应增加巡视次数？

答：以下情况应增加巡视次数：

（1）大风后、雷（暴）雨等恶劣天气后应进行一次巡视检查。

（2）系统冲击、跳闸、有接地故障情况时，应进行故障巡视，必要时，应派专人监视。

（3）新设备投入运行以后72h内。

（4）设备经过检修、改造或长期停运后重新投入系统运行后。

（5）设备缺陷有发展、可能危及系统安全运行时，应进行跟踪巡视。

（6）过负荷或负荷剧增、设备发热、超出设备允许工作温度等情况。

（7）法定节假日、上级通知有重要保供电任务时。

8. 特殊巡视一般包括哪些重点检查项目？

答：（1）气温骤变时，重点检查油位是否有明显变化，各密封处有否渗漏现象，各连接引线是否有断股或接头发红现象。

（2）雷雨、冰雹后，重点检查引线摆动情况及断股，设备上有无杂物，瓷套管有无放电痕迹及破裂现象，避雷器动作情况等。

（3）浓雾、小雨，重点检查瓷套有无沿表面闪络和放电。

（4）雪天时，根据积雪融化情况，重点检查导线覆冰和设备端子、接头处的落雪有无特殊溶化，套管、绝缘子上是否有冰溜，积雪是否过多，有关放电现象。

（5）大雨天气后，应重点检查各设备控制箱和端子箱、机构箱有无进水、受潮，温控装置是否工作正常。

（6）大风天气，重点检查引线摆动情况和有无搭挂杂物；引线的摆动是否过大，端子是否松动，设备位置有关变化，设备上及周围有无杂物。

（7）设备过负荷或负荷剧增、超出设备允许工作温度、发热时，重点检查重载设备本体、设备接头及导线有无发红过热现象，监视设备负荷变化。

（8）系统冲击、跳闸、有接地故障情况时，重点检查断路器、隔离开关的位置是否正确，各附件有无变形触头、引线接头有无过热、松动现象，断路器内部有无声音。

（9）新设备投入运行、设备变动、设备经过检修、改造或长期停运后重新投入运行后，重点检查新投入设备运行情况，设备本体、引线、二次设备等运行工况是否正常。

9. 雷雨天气巡视室外高压设备应注意什么？

答：雷雨天气，需要巡视室外高压设备时，应穿绝缘靴，并不准靠近避雷器和避雷针。

10. 发生灾害时能否进行巡视？

答：地震、台风、洪水、泥石流等灾害发生时，禁止巡视灾害现场。如确需对设备进行巡视时，应制定必要的安全措施，得到设备运维管理单位批准，并至少两人一组，巡视人员应与派出单位保持通信联络。

11. GIS 设备巡视检查的内容有哪些？

答：（1）检查设备外部状况：
1）指示器指示灯是否正常。
2）有无任何异常声音或气味发生。
3）端子上有无过热变色现象。
4）瓷套有无开裂破坏或污损情况。
5）接地线或支架是否有生锈或损伤情况。
（2）检查操作装置及控制盘：从正面观察检查压力表指示。
（3）检查空气系统：
1）空气系统有无漏气声音。
2）空气罐和空气管道排水。

第二节 倒 闸 操 作

1. 什么是倒闸操作？

答：电气设备分为运行、热备用、冷备用、检修四种状态，将设备由一种状态转变为另一种状态的过程叫倒闸，所进行的操作叫倒闸操作。通过操作断路器、隔离开关、接地开关装设（拆除）接地线将电气设备由一种状态转换为另一种状态或使系统改变了运行方式。这种操作就叫倒闸操作。

2. 倒闸操作应防止哪些误操作？

答：倒闸操作应防止以下误操作：

（1）误拉、误合断路器或隔离开关。

（2）带负荷拉合隔离开关。

（3）带电装设接地线（或合接地开关）。

（4）带接地线（或接地开关）合闸。

（5）非同期并列。

（6）误投退继电保护和安全自动装置。

3. 倒闸操作分为哪三类操作？

答：倒闸操作可分为：单人操作、监护操作、检修人员操作。

（1）单人操作，是指由一人完成的操作。单人值班的变电站或发电厂升压站操作时，运维人员根据发令人用电话传达的操作指令填用操作票，复诵无误。若有可靠的确认和自动记录手段，调控人员可实行单人操作。实行单人操作的设备、项目及人员需经设备运维管理单位或调控中心批准，单人操作人员应通过专项考核。

（2）监护操作，是有人监护的操作。监护操作时，其中一人对设备较为熟悉者作监护，另一人对设备进行操作。特别重要和复杂的倒闸操作，由熟练的运维人员操作，运维负责人监护。

（3）检修人员操作，是由检修人员完成的操作。

1）经设备运维管理单位考试合格并批准的本单位的检修人员，可进行220kV及以下的电气设备由热备用至检修或由检修至热备用的监护操作，监护人应是同一单位的检修人员或设备运维人员。

2）检修人员进行操作的接、发令程序及安全要求应由设备运维管理单位审定，并报相关部门和调控中心备案。

4. 倒闸操作可以通过哪些方式完成？

答：倒闸操作可以通过就地操作、遥控操作、程序操作来完成，遥控操作、程序操作的设备应满足有关技术条件。

5. 倒闸操作前，应做好哪些准备工作？

答：倒闸操作前，应先在模拟图（或微机防误装置、微机监控装置）上进行核对性模拟预演，无误后，再进行操作。操作前应先核对系统方式、设备名称、编号和位置，操作中应认真执行监护复诵制度（单人操作时也应高声唱票），宜全过程录音。

6. 哪些操作需填入操作票？

答：（1）应拉合的设备［断路器（开关）、隔离开关（刀闸）、接地开关（装置）等］，验电，装拆接地线，合上（安装）或断开（拆除）控制回路或电压互感器回路的低压断路器、熔断器，切换保护回路和自动化装置及检验是否确无电压等。

（2）拉合设备［断路器、隔离开关、接地开关（装置）等］后检查设备的位置。

（3）进行停、送电操作时，在拉合隔离开关或拉出、推入手车式开关前，检查断路器确在分闸位置。

（4）在进行倒负荷或解、并列操作前后，检查相关电源运行及负荷分配情况。

（5）设备检修后合闸送电前，检查送电范围内接地开关（装置）已拉开，接地线已拆除。

（6）高压直流输电系统启停、功率变化及状态转换、控制方式改变、主控站转换，控制、保护系统投退，换流变压器冷却器切换及分接头手动调节。

（7）阀冷却、阀厅消防和空调系统的投退、方式变化等操作。

（8）直流输电控制系统对断路器进行的锁定操作。

7. 对操作票的编号及保存有什么规定？

答：同一变电站的操作票应事先连续编号，计算机生成的操作票应在正式出票前连续编号，操作票按编号顺序使用。作废的操作票，应注明"作废"字样，未执行的应注明"未执行"字样，已操作的应注明"已执行"字样。操作票应保存一年。

8. 倒闸操作票填写有何要求？

答：倒闸操作票填写要求如下：

（1）倒闸操作由操作人员填写操作票。

（2）操作票应用黑色或蓝色的钢（水）笔或圆珠笔逐项填写。

（3）用计算机开出的操作票应与手写票面统一；操作票票面应清楚整洁，不得任意涂改。

（4）操作票应填写设备的双重名称。

（5）操作人和监护人应根据模拟图或接线图核对所填写的操作项目，并分别手工或电子签名，然后经运维负责人（检修人员操作时由工作负责人）审核签名。

（6）每张操作票只能填写一个操作任务。

9. 倒闸操作的基本条件有哪些？

答：倒闸操作的基本条件：

（1）与现场一次设备和实际运行方式相符的一次系统模拟图（包括各种电子接线图）。

（2）操作设备应具有明显的标志，包括命名、编号、分合指示，旋转方向、切换位置的指示及设备相色等。

（3）高压电气设备都应安装完善的防误操作闭锁装置。防误闭锁装置不得随意退出运行，停用防误闭锁装置应经设备运维管理单位批准；短时间退出防误闭锁装置时，应经变电运维班（站）长或发电厂当班值长批准，并应按程序尽快投入。

（4）有值班调控人员、运维负责人正式发布的指令，并使用经事先审核合格的操作票。

10. 如何正确执行倒闸操作指令？

答：倒闸操作应根据值班调控人员或运维负责人的指令，受令人复诵无误后执行。发布指令应准确、清晰，使用规范的调度术语和设备双重名称。发令人和受令人应先互报单位和姓名，发布指令的全过程（包括对方复诵指令）和听取指令的报告时应录音并做好记录。操作人员（包括监护人）应了解操作目的和操作顺序。对指令有疑问时应向发令人询问清楚无误后执行。发令人、受令人、操作人员（包括监护人）均应具备相应资质。

11. 倒闸操作过程中如果发生疑问怎么办？

答：（1）倒闸操作过程中如果发生疑问应立即停止操作并向发令人报告，待发令人再行许可后，方可进行操作，并不准擅自更改操作票和随意解除闭锁装置。

（2）如果疑问或异常不是操作票上或操作中的问题，也不影响系统或其他工作的安全，经值班负责人许可后，可以继续操作。如果操作票上没有差错，但可能发生其他不安全的问题时，应立即停止操作。如果操作票本身有错误，原票停止执行，已执行一项或多项，则在已执行项下面，未执行项上面的中间横线右边用红笔注明停止操作的原因，并盖"已执行"章，按已执行的操作票执行；未执行的项目按"作废"处理，未执行项应按照现场实际情况重新填写操作票，经履行本节规定的程序后进行操作。

（3）如果因操作不当或错误而发生异常时，应等候值班负责人或值班调控人员的命令。

（4）若遇特殊情况需解锁操作，应经运维管理部门防误操作装置专责人或运维管理部门制定并经书面公布的人员到现场核实无误并签字后，由运维人员告知当值调控人员，方能使用解锁工具（钥匙）。

12. 倒闸操作的执行程序一般分为哪几步？

答：倒闸操作的执行程序分为以下几步：

（1）接受操作预令。

（2）填写倒闸操作票。

（3）审查及模拟预演。

（4）接受操作动令。

（5）执行倒闸操作。

（6）操作汇报、盖章、记录。

13. 需要停用和退出防误操作闭锁装置时怎么办？

答：防误操作闭锁装置不得随意退出运行。需要停用防误操作闭锁装置时应经设备运维管理单位批准。短时间退出防误闭锁装置时，应经变电运维班（站）长或发电厂当班值长批准，并应按程序尽快投入。

14. 倒闸操作过程中需要解锁怎么办？

答：倒闸操作时不准随意解除闭锁装置。解锁工具（钥匙）应封存保管，所有操作人员和检修人员禁止擅自使用解锁工具（钥匙）。若遇特殊情况需解锁操作，应经运维管理部门防误操作装置专责人或运维管理部门指定并经书面公布的人员到现场核实无误并签字后，由运维人员报告当值调控人员，方能使用解锁工具（钥匙）。单人操作、检修人员在倒闸操作过程中禁止解锁。如需解锁，应待增派运维人员到现场，履行上述手续后处理。解锁工具（钥匙）使用后应及时封存并做好记录。

15. 倒闸操作指令分为哪几种？

答：倒闸操作指令分为三种：逐项指令、综合指令、单项指令。

（1）逐项指令。一般适用于两个及以上厂站的操作。值班调控员向下级调度机构值班调控员或调度管辖厂、站运维值班员逐项按顺序发布的操作指令，要求下级值班调控员或运维值班员按照指令的操作步骤和内容逐项按顺序进行操作，或必须在前一项操作完成并经值班调控员许可后才能进行下一项的操作指令。

（2）综合指令。值班调控员给下级调度机构值班调控员或调度管辖厂、站运维值班员发布的不涉及其他厂站配合的综合性操作任务的调度指令。其具体的操作票步骤和内容，以及安全措施，均由下级值班调控员或运维值班员自行按规程拟定并执行。

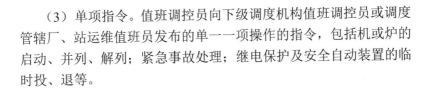

（3）单项指令。值班调控员向下级调度机构值班调控员或调度管辖厂、站运维值班员发布的单一一项操作的指令，包括机或炉的启动、并列、解列；紧急事故处理；继电保护及安全自动装置的临时投、退等。

16. 单电源线路停送电操作的技术原则有哪些？

答：（1）停电操作必须按照拉开断路器、负荷侧（线路侧）隔离开关、电源侧（母线侧）隔离开关的顺序依次操作，送电操作顺序与此相反。

（2）在操作隔离开关前，必须先检查断路器确在分闸位置；在合断路器送电前，必须检查隔离开关在合闸位置。严防带负荷拉、合隔离开关。

17. 电气设备操作后的位置应如何判断？

答：电气设备操作后的位置检查应以设备各相实际位置为准，无法看到实际位置时，应通过间接方法，如设备机械位置指示、电气指示、带电显示装置、仪表及各种遥测、遥信等信号的变化来判断。判断时，至少应有两个非同样原理或非同源的指示发生对应变化，且所有这些确定的指示均已同时发生对应变化，方可确认该设备已操作到位。以上检查项目应填写在操作票中作为检查项。检查中若发现其他任何信号有异常，均应停止操作，查明原因。若进行遥控操作，可采用上述的间接方法或其他可靠的方法判断设备位置。

18. 双电源线路停送电操作技术原则有哪些？

答：（1）停电时，应先将线路两端的断路器拉开，然后依次拉开线路侧隔离开关和电源侧隔离开关，送电操作顺序与此相反。

（2）在操作隔离开关前，必须先检查断路器确在分闸位置；在合断路器送电前，必须检查隔离开关在合闸位置。

（3）用断路器并列操作时，应经同期鉴定，严防非同期并列。

19. 双电源或三电源变压器的停送电操作技术原则有哪些？

答：（1）220kV 及以下变压器停送电操作技术原则：先断开低压侧断路器，再断开中压侧断路器，然后断开高压侧断路器，最后按相同顺序拉开各侧隔离开关，送电操作顺序与此相反。

（2）特殊情况下，变压器停、送电的操作顺序还必须考虑保护的配备和潮流分部情况。

（3）500kV 变压器停送电操作技术原则：停电时按先断开高压侧断路器，再断开低压侧断路器，后断开中压侧断路器，最后拉开各侧隔离开关的顺序操作。送电时，在合上各侧隔离开关后，先用 220kV 中压侧断路器给变压器充电，然后合低压侧断路器，用高压侧断路器合环。

20. 500kV 线路高压并联电抗器停送电操作顺序是什么？

答：500kV 系统一般为 3/2 接线方式。停电时先断开线路的中断路器，再断开线路的边断路器，再依次断开负荷侧（停电侧）隔离开关、电源侧（非停电侧）隔离开关。在确定该断路器和隔离开关在分闸位置时，才可拉开线路高压并联电抗器的隔离开关。送电时，确保线路无电后，先合上线路高压并联电抗器的隔离开关，再给线路送电。

21. 哪些操作可不用操作票？

答：以下情况可不用操作票：

（1）事故紧急处理。

（2）拉合断路器的单一操作。

（3）程序操作。

上述操作在完成后应做好记录，事故紧急处理应保存原始记录。

22. 换流站直流系统如何操作？

答：换流站直流系统应采用程序操作。程序操作不成功，在查明原因并经值班调控人员许可后可进行遥控步进操作。

23. 监护人在操作票中的安全责任是什么?

答：监护人在操作票中的安全责任如下：操作票填写的正确性；操作任务完成的正确性和安全性；安全措施的正确性。

24. 倒闸操作预令可否作为正式执行命令?

答：倒闸操作预令只作为现场编制倒闸操作票的依据，不可作为正式操作命令。正式操作命令在操作开始时下达，运维人员只有在接到调控人员开始操作的正式动令后才能进行操作。

第三节　故障及异常处理

1. 发生人身触电时怎么办?

答：发生人身触电时，运维人员可不经许可，即行断开有关设备的电源，但事后应立即报告值班调控员（或设备运维管理单位）和上级部门。

2. 变电站出现故障和异常情况时怎么办?

答：变电站出现故障和异常情况时，应注意以下内容：

（1）检查记录各种信号、仪器、仪表指示的内容。

（2）查清光字牌和微机监控系统打印记录的内容。

（3）检查潮流指示（包括油温）。

（4）检查继电保护装置动作情况和信号灯指示。

（5）检查故障录波图（不影响事故性质认定和分析时，可暂缓）。

（6）根据运维负责人安排，到现场进行故障后的巡视检查，将检查结果详细汇报，并做好记录。

（7）根据检查的结果进行综合分析，正确判断故障的内容和性质。根据相关规程的有关规定进行处理，并将检查结果和故障处理情况向值班调控员和相关人员汇报。每次事故及异常运行的发生和处理过程都要详细做好记录（包括打印记录和录波图）。

（8）以上工作至少由两人进行。

3. 变电设备出现异常信号应该怎么办？

答： 变电设备出现异常信号应分清楚信号类别再进行处理。

（1）设备发出事故或告警信号后，运维人员必须及时汇报值班负责人，并迅速正确地向值班调控员汇报跳闸断路器编号、时间、异常设备名称、继电保护、自动装置动作情况。

（2）告警信号频繁发生或不能复归时，应作为异常信号处理。

（3）参数越限告警时，运维人员应及时汇报值班调控员，分析原因，采取相应的措施。越限期间要加强监视，记录越限起止时间、最大越限值。

（4）事故处理完毕后，运维人员应将事故详细情况做好记录，并报告相关领导。

4. 什么情况下运维人员可自行操作？

答： 在以下情况运维人员可自行操作：

（1）将直接威胁人身安全和可能扩大事故的设备立即退出运行。

（2）将已损坏的设备以及运行中有受损坏可能的设备进行隔离。

（3）当母线发生故障失电后，将连接在该母线上的所有断路器拉开。

（4）站用交流系统和直流系统全部停电或部分停电，恢复其电源。

5. 停电时在母线差动保护的电流互感器两侧装设接地线（或合接地开关）对安全运行有何影响？

答： 在母线差动保护的电流互感器两侧装设接地线（或合接地开关），将使其励磁阻抗大大降低，可能对母线差动保护的正确动作产生不利影响。母线故障时，将降低母线差动保护的灵敏度；母线外故障时，将增加母线差动保护二次不平衡电流，甚至误动。因此，不允许在母线差动保护的电流互感器两侧装设接地线（或合接地开关）。若非装设不可，应将该电流互感器二次从运行的母线差动保护回路上甩开。

6. 停低频率减负荷装置时，只停跳闸连接片，不停放电连接片对线路的安全运行有何影响？

答： 停低频率减负荷装置时，只停跳闸连接片，不停放电连接片，在此期间，如果线路有故障发生，保护将断路器跳闸，这时由于放电连接片不打开，重合闸电容器仍处于充电后状态，经低频率保护的触点和放电连接片这一回路放电，会使重合闸不能发出合闸脉冲，影响线路的重合。

7. 运行中发现铁磁谐振过电压时怎么办？

答： 运行中发现铁磁谐振过电压时，将造成三相电压不平衡，一相或两相电压升高超过线电压，应采取改变系统参数的方法消除铁磁谐振过电压。

（1）断开充电断路器，改变运行方式。

（2）投入母线上的线路，改变运行方式。

（3）投入母线，改变接线方式。

（4）投入母线上的备用变压器或站用变压器。

（5）投、切电容器或电抗器。

8. 变压器发生哪些危急情况应紧急停运？

答：（1）变压器声响明显增大，很不正常、内部有爆裂声。

（2）本体或套管严重漏油或喷油，使油面下降到低于油位计的指示限度。

（3）套管有严重的破损和放电现象。

（4）变压器冒烟着火。

（5）当发生危及变压器安全的故障，而变压器的有关保护装置拒动时，运维人员应立即将变压器停运。

（6）当变压器附近的设备着火、爆炸或发生其他情况对变压器构成严重威胁时，运维人员应立即将变压器停运。

（7）在正常负载和冷却条件下，变压器温度不正常并不断上升，使顶层油温超过 105℃，且确认温度指示正确，则应立即将变压器停运。

（8）有载调压开关操作、限位及指示装置失灵，或其切换机构油室内部有放电声。

（9）强油循环变压器冷却系统故障不能及时排除，不能保证按制造厂家规定投入足够的冷却器且负荷较大；或切除全部冷却器后运行超过 1h。

9. 变压器低压侧出口母线未加装绝缘护套，对变压器安全运行有何影响？

答：（1）变压器低压侧出口母线安全净距小，未加装绝缘护套，在异物搭挂时易发生短路故障。

（2）在变压器出口发生短路故障，短路电流可达额定电流的 20~30 倍（变压器容量越大，短路电流越大），未加装绝缘护套可能造成以下后果：

1）短路电流通过变压器绕组产生巨大的电动力，可能将绕组撕裂损坏变压器。

2）短路电流通过变压器绕组，绕组严重发热，而降低绝缘寿命，甚至烧毁绝缘损坏变压器。

10. 变压器"某侧复合电压闭锁"连接片何时退出？对保护有何影响？

答：当变压器本侧电压互感器失压或检修时，为保证本侧复合电压闭锁方向过流动作的正确性，需退出"本侧复合电压闭锁"连接片，它对复合电压元件有如下影响：

（1）本侧复合电压元件不启动，但如果本侧复压过电流保护经其他侧复合电压闭锁，则可由其他侧复合电压元件启动。

（2）如果其他侧复压过电流保护经本侧复合电压闭锁，则此时不会使本侧复合电压元件启动其他侧过电流元件。

11. 变压器压力释放连接片投信号还是投跳闸？如果投跳闸对变压器安全运行有何影响？

答：新变压器启动时、变压器大修后充电时，压力释放连接片投跳闸位置。新变压器启动正常后、变压器大修结束充电正常后，应将压力释放连接片由跳闸改投信号位置。

如果压力释放连接片投跳闸位置，会由于非变压器内部故障原因引起的内部压力增大造成变压器压力释放动作喷油，压力释放动作使变压器各侧跳闸。

12. 什么原因可能会造成变压器压力释放误动作？为什么？

答：储油柜波纹管呼吸管阀门未开启、油标管堵塞、呼吸器不通畅、气体继电器蝶阀未开启等原因会造成变压器压力释放误动作。因为变压器投运后由于铁芯和绕组发热，油温逐渐升高，油位要上升，如果阀门未开启或呼吸器堵塞不通畅，会使变压器内部压力增大。当压力达到压力释放动作值时会引起压力释放阀动作喷油，导致压力释放动作跳闸造成变压器无故障停电。所以在设备验收时应注意检查有关阀门的开启情况。

13. 取运行中变压器的瓦斯气体时有哪些安全注意事项？

答：（1）取运行中变压器的瓦斯气体时必须由两人进行，其中一人操作、一人监护。

（2）攀登变压器取气时，人体与带电部位保持足够的安全距离。

（3）沿爬梯登高时，小心踩空，防止高空坠落。

（4）取气时防止误碰探针。

14. 瓦斯保护是怎样对变压器起保护作用的？

答：（1）变压器内部发生故障时，电弧热量使绝缘油体积膨胀，并大量气化。

（2）大量油、气流冲向油枕。

（3）流动的油流和气流使气体继电器动作，跳开断路器，实现对变压器的保护。

15. 变压器在运行时，出现油面过高或有油从油枕中溢出时怎么办？

答：应首先检查变压器的负荷和温度是否正常，如果负荷和温度均正常，可以判断是因呼吸器或油标管堵塞造成的假油面。此时应经当值调控员同意后，将重瓦斯保护改接信号，然后疏通呼吸器或油标管。如因环境温度过高引起油枕溢油时，应做放油处理。

16. 发现变压器油位过高怎么办？

答：（1）如果变压器油位高出油位计的最高指示，且无其他异常时，为了防止变压器油溢出，则应放油到适当高度；同时应注意油位计、吸湿器和防爆管是否堵塞，避免因假油位造成误判断。

（2）变压器油位因温度上升有可能高出油位指示极限，经查明不是假油位所致时，则应放油，使油位降至与当时油温相对应的高度，以免溢油。

（3）如果是带有小胶囊的油位计，若发现油位不正常，先对油位计加油，此时需将油标呼吸塞及小胶囊室的塞子打开，用漏斗从油标呼吸塞处缓慢加油，将囊中空气全部排出；然后打开油标放油螺栓，放出油标内多余油量（看到油标内油位即可），关上小胶囊室的塞子。注意油标呼吸塞不必拧得太紧，以保证油标内空气自由呼吸。

17. 变压器出现渗漏油时应如何处理？

答：（1）若变压器本体渗漏油不严重，并且油位正常，应加强监视。

（2）若变压器本体渗漏油严重，并且油位未低于下限，但一时又不能停电检修，应由专业人员进行补油，并应加强监视，增加巡视次数；若低于下限，则应将变压器停运进行处理。

（3）套管严重渗漏或瓷套破裂时，变压器应立即停运。更换套管（或消除放电现象），经电气试验合格后方可将变压器投入运行。

（4）套管油位异常下降或升高，包括利用红外测温装置检测油位，确认套管发生内漏（即套管油与变压器油已连通），应由专业人员进行吊套管处理。当确认油位已漏至金属储油柜以下时，变压器应停止运行，进行处理。

18. 变压器套管接点发热应怎么办?

答：（1）应用红外成像仪对变压器套管进行成像拍摄，判别发热点具体部位。如变压器套管本身发热引起变压器套管接点发热，即为变压器套管内部发热，应停电处理。

（2）变压器套管接点发热，极易造成变压器套管渗漏油及变压器发生火灾事故，要对变压器加强监视。如果变压器套管接点发热加变压器套管渗漏油，应降低负荷使套管接点发热减轻或停电处理。

19. 变压器套管出现裂纹对变压器安全运行有何影响?

答：变压器套管出现裂纹会使套管绝缘强度降低，可能造成绝缘的进一步损坏，直至全部击穿。套管裂缝中的水如果结冰，可能使变压器套管胀裂，所以套管裂纹对变压器的安全运行很有威胁。

20. 变压器什么情况下不准过负荷? 若过负荷了应怎么办?

答：变压器存在严重漏油、冷却器系统不正常、色谱分析异常超过规定指标、有载调压分接开关异常、温度异常升高等较大缺陷时不准过负荷。

变压器过负荷处理如下：

（1）投入全部冷却器包括所有备用风扇。

（2）在过负荷时运维人员应立即报告当值调控员设法转移负荷。

（3）变压器过负荷期间，应加强对变压器的负荷、油温、油位、渗漏、音响等监视，增加巡视次数。

（4）变压器过负荷时，过负荷倍数参照《电力变压器运行规程》处理。

21. 变压器事故过负荷跳闸应怎么办？

答：（1）检查保护装置动作信号情况、故障录波器动作情况、直流系统情况。

（2）查看其他运行变压器及各线路的负荷情况。

（3）监视变压器的现场及远方油温情况。

（4）检查变压器的油位是否过高。

（5）检查变压器有无着火、喷油、漏油等情况。

（6）检查气体继电器内有无气体积聚，检查压力释放阀有无动作。

（7）变压器跳闸后，应使冷却系统处于工作状态（主保护动作除外），以迅速降低变压器的油温。

（8）应立即将有关情况向调控中心及相关部门汇报。

（9）应根据调控中心指令进行有关操作。

（10）按要求编写现场事故处理报告。

22. 变压器着火怎么办？

答：（1）变压器着火时，首先应检查变压器各侧断路器是否已跳闸，否则应立即拉开故障变压器各侧断路器，停运变压器冷却装置。

（2）立即切除变压器所有二次控制电源。

（3）立即向消防部门报警，报警时要详细说明具体地点，什么设备着火说明清楚。

（4）在确保人身安全情况下，采取必要的灭火措施。

（5）应立即将故障情况向值班调控中心人员及相关部门汇报。

（6）拉开变压器各侧隔离开关，使各侧至少有一个明显断开点，并迅速采取灭火措施，投入灭火装置，防止火势蔓延，必要时开启事故放油阀排油。处理事故时，首先应保证人身安全。

（7）若油溢在变压器顶盖上着火时，则应打开下部油门放油至适当油位；若变压器内部故障引起着火，则不能放油，以防变压器发生严重爆炸。

（8）消防部门前来灭火，必须指定专人监护，并指明带电部分及注意事项。

（9）同时还应检查保护装置动作信号情况，其他运行变压器及各线路负荷情况、变压器起火是否对周围其他设备有影响。

23. 高压并联电抗器保护动作跳闸怎么办？

答：（1）立即检查电抗器是否仍带有电压，即线路对侧是否跳闸。如对侧未跳闸，应报告调控中心通知对侧紧急切断电压。

（2）瓦斯保护动作，立即检查电抗器温度、油面、外壳有无故障迹象，压力释放阀是否动作，根据检查情况进行综合判断。如气体、差动、压力、过电流保护有两套或以上同时动作，或明显有故障迹象，应判断内部有短路故障，在未查明原因并消除前，不得将电抗器投入运行。

（3）差动保护动作，如无其他故障迹象，应检查电流互感器二次回路端子有无开路现象；压力保护动作，应检查有无喷油现象，压力释放阀指示器是否弹出。

（4）根据初步判断结果，立即到现场对设备进行检查，记录当时的温度和油位指示值、压力释放装置有无喷油、瓷套有无闪络、气体继电器有无气体、运行声音有无异常等情况，综合分析判断故障性质，将检查结果汇报调控中心及相关领导。

（5）详细记录跳闸发生时间，后台信号，一次、二次保护动作情况和电流、电压及远方线圈温度，油温及显示值等，初步判断故障性质。在未做好记录和未得到运维负责人许可前，不得复归各种信号。

24. 高压并联电抗器本体严重漏油怎么办？

答：（1）电抗器本体严重漏油，使油面下降到低于油位计的指示限度时，电抗器应立即停运。

（2）电抗器本体严重漏油，油位尚处在正常范围内时，应检查油箱是结构性渗漏油还是密封性渗漏油。

1）结构性渗漏油的处理方法一般是补焊。油箱上部渗漏时，只需排出少量油即可处理。油箱下部渗漏油时，可带电处理；但带电补焊应在漏油不显著的情况下进行，否则应采取抽真空或排油法去除油气混合物并在油箱内造成负压后补焊。

2）电抗器内部故障压力升高引起渗漏油时，应查明电抗器内部故障的原因，待故障消除试验合格后电抗器方可投入运行。

3）电抗器严重漏油时，运维人员应增加特巡，加强监视。

25. 高压并联电抗器着火怎么办？

答：（1）电抗器着火时，首先应检查本线路断路器是否已跳闸，否则应立即手动断开故障电抗器线路断路器，同时向调控中心汇报，断开对侧断路器。

（2）立即断开电抗器所有二次控制电源。

（3）立即向消防部门报警（切记报出具体地理位置）。

（4）在确保人身安全的情况下迅速采取必要的灭火措施，防止火势蔓延。必要时开启事故放油阀排油。处理事故时，首先应保证人身安全。

（5）应立即向调控中心部门及相关部门汇报。

（6）检查电抗器起火是否对周围其他设备有影响。

26. 正常方式下投入（或漏退）充电保护对安全运行有何影响？

答：充电保护只有在给设备充电时投入。正常方式下投入（或漏退）充电保护，会在线路（主变压器）故障时造成本回路保护拒动，引起越级跳闸，使停电范围扩大。

案例1：母联断路器运行中漏退充电保护，形成越级跳闸。

×月×日，如图2–1所示，雷雨导致某220kV变电站110kV线路2末端A相绝缘子闪络，故障点属于线路2接地距离Ⅱ段和零序Ⅱ保护范围，应该跳103断路器。但由于母联100断路器充电保护漏退，致使100断路器零序速断保护跳开母联100断路器，1号主变中压侧间隙保护启动跳开101断路器切除故障，从而导致110kVⅠ母电压消失，使停电范围扩大。

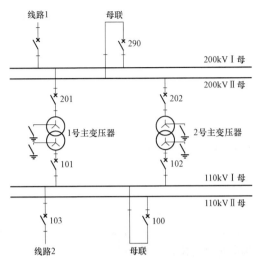

图 2-1 某 220kV 变电站主接线示意图

27. 220kV 线路断路器一相未断开情况下，拉开隔离开关会造成什么后果？

答：220kV 线路断路器一相未断开情况下，拉开隔离开关属于带负荷操作隔离开关，会造成弧光短路，本线路保护动作跳闸。如果断路器仍然无法跳开，会引起失灵保护动作，使断路器所在母线全停。

案例：×月×日，某 220kV 变电站 253 线路计划停电检修（见图 2-2），调度令拉开 253 断路器。值班人员拉开 253 断路器后现场检查发现 253 断路器 A 相未断开，就地手动和电动操作均无法断开。站长认为单相构不成回路，可以继续操作。在拉开 2531 隔离开关过程中，造成弧光接地短路，失灵保护动作，200、251、255 断路器跳闸，253 所在母线失电。

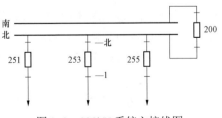

图 2-2 220kV 系统主接线图

28. 为什么断路器充电保护误投或漏退，易造成充电保护误动作？

答： 因为充电保护定值小且没有方向性，所以断路器充电保护误投或漏退，可能会使非保护范围内设备故障时，引起断路器充电保护误动作。

29. 断路器操作时出现异常情况怎么办？

答：（1）当（220kV及以上）分相断路器并列或解列操作，因机构失灵造成两相断路器断开、一相断路器合上，且非全相保护未动作时，应手动拉开未断开相断路器。因机构失灵造成一相断路器断开、两相断路器合上，且非全相保护未动作时，应手动合上断开相断路器。若不成功应拉开三相断路器。

（2）当断路器出现非全相分闸时，如非全相保护未动作，也可根据调控中心命令，利用上一级断路器切除，之后通过隔离开关将故障断路器隔离。

（3）断路器操作时，若分闸遥控操作失灵，如经检查断路器本身无异常，且可根据现场运行规程规定允许对断路器进行近控操作时，必须进行三相同步（联动）操作，不得进行分相操作。如合闸遥控操作失灵，则禁止进行现场近控合闸操作。

（4）接入系统中的断路器由于某种原因造成 SF_6 压力下降，断路器操作压力异常并低于规定值时，严禁对断路器进行停、送电操作。运行中的断路器如发现有严重缺陷而不能跳闸的（如断路器已闭锁分闸），应立即改为非自动状态，迅速报告值班调控员进行处理（用对侧、母联、上一级断路器等方法切除负荷后拉开两侧隔离开关）。

（5）断路器累计分闸或切除故障电流次数（或规定切除故障电流累计值）达到规定时，应停电检修。当断路器允许跳闸次数只剩一次时，应停用重合闸，以免故障断路器重合复掉引起断路器损坏或造成事故。

（6）断路器的实际短路开断容量低于或接近运行地点的短路容量时，应停用重合闸，发生短路故障跳闸后禁止强送。

30. 断路器越级跳闸时怎么办？

答： 断路器越级跳闸后首先检查保护及断路器的动作情况。如果是保护动作，断路器拒绝跳闸造成越级，则应在拉开拒跳断路器两侧隔离开关后，将其他非故障线路送电。如果是因为保护未动作造成越级，则应将各线路断路器断开，再逐条线路试送电，发现故障线路后，将该线路停电，拉开断路器两侧的隔离开关，再将其他非故障线路送电。最后再查找断路器拒绝跳闸原因或保护拒动原因。

31. 弹簧储能操动机构的断路器发出"弹簧未拉紧"信号时怎么办？

答： 弹簧储能操动机构的断路器在运行中，发出"弹簧机构未拉紧"时，运维人员应迅速去现场，检查交流回路及电动机是否有故障。电动机有故障时，应手动将弹簧拉紧；交流电动机无故障而且弹簧已拉紧，应检查二次回路是否误发信号。如果是由于弹簧有故障不能恢复时，应向调控中心汇报，申请停电处理。

32. 非故障情况下，当可进行单相操作的断路器发出"断路器三相位置不一致"信号时怎么办？

答： 非故障情况下，当可进行单相操作的断路器发出"三相位置不一致"信号时，运维人员应立即检查三相断路器的位置。

（1）若三相位置正常，属于误发信号，应查找误发原因。

（2）若重合闸未投，当非全相运行时间达到三相不一致整定时间，则三相不一致动作，三相跳闸。

（3）若重合闸投单重，当达到重合闸动作时间，则重合闸动作合上跳开相断路器；若重合闸动作不成功，则三相不一致动作跳开三相。

（4）若操作时造成非全相合闸，则"三相不一致"动作跳开三相。

（5）若以上情况均未跳开三相，应远方拉开三相断路器。

33. 倒停母线时，拉母联断路器前有哪些安全注意事项？

答：（1）对停电的母线再检查一次，确认设备已全部倒至运行母线上，防止因"漏"倒引起停电事故。

（2）拉母联断路器前，检查母联断路器电流表应指示为零；拉母联断路器后，应检查停电母线的电压表指示为零。

（3）当母联断路器的断口（均压）电容 C 与母线电压互感器的电感 L 可能形成串联铁磁谐振时，要特别注意拉母联断路器的操作顺序：先拉电压互感器，后拉母联断路器。

34. 母联断路器向母线充电后发生谐振怎么办？送电时如何避免？

答：应立即断开母联断路器使母线停电，以消除谐振。送电时为避免谐振，可采用线路及母线一起充电的方式，或者对母线充电前退出电压互感器，充电正常后再投入电压互感器。

35. 断路器拒绝分闸有几种情况？事故情况下断路器拒绝分闸会有什么后果？

答：断路器拒绝分闸有两种情况，一种情况是正常倒闸操作过程中拒绝分闸；另一种情况是设备发生故障时拒绝分闸。事故情况下断路器拒绝分闸对系统的安全运行威胁很大，一旦某一单元发生故障时，断路器拒绝分闸，将会造成上一级断路器越级跳闸。越级跳闸会扩大停电范围，甚至有时会导致系统解列，造成大面积停电的恶性事故。

36. 联络线路跳闸怎么办？

答：（1）若重合闸重合成功，且本侧录波器确有故障波形存在，经询问对方断路器和保护动作情况后，可确认是本线路内瞬时故障，运维人员应做好记录，复归所有信号，向调控中心汇报。

（2）若本侧断路器跳闸或重合闸未重合成功，但无故障波形，且对侧断路器未跳，则可能是本侧保护误动或断路器误跳，经详细检查证实是保护误动，可申请将误动的保护退出运行，根据调控中心命令试送电；若查明是断路器误跳，则待查明误跳原因后，在确认断路器可以试送时，向调控中心提出申请进行试送。但若断路器及机构存在故障不能继续运行时，则应通知专业人员进行抢修。

（3）若联络线路断路器跳闸，重合闸未投入运行，若查明非本站设备故障引起，应向调控中心汇报，按照调控中心命令试送一次。如查明是本站设备故障引起跳闸，应立即报请专业部门抢修。

（4）若联络线路断路器跳闸，重合闸未重合成功，且有故障波形时，首先应查明本站的设备是否有故障。如查明确非本站设备故障，则可能是线路故障引起，应向调控中心报告，听候命令处理。

（5）若本侧线路保护有工作（线路未停电），断路器跳闸，又无故障录波，且对侧断路器未跳，则应立即终止保护人员工作，查明原因向调控中心汇报，采取相应措施后申请试送（此时可能是漏退或误碰造成）。

37. 电磁操动机构的断路器合闸后合闸接触器的触点打不开怎么办？

答： 断路器合闸后应检查直流电流表，如果直流电流表的指针不返回，说明合闸接触器的触点未打开。此时应立即切断断路器的合闸电源，否则合闸线圈会因较长时间流过大电流而烧毁。

38. 断路器拒绝合闸怎么办？

答： （1）若是合闸电压消失，运维人员应检查合闸回路熔断器或直流电源小开关是否断开。

（2）若就地操作箱内合闸电压小开关在断开位置，应试合断路器直流电源小开关。

（3）将合闸闭锁信号复归，若不能复归则应通知专业人员检查。

（4）若就地操作箱内"远方—就地"小开关在就地位置，应将其打至远方位置。

（5）若直流母线电压过低，应检查蓄电池组端电压是否正常。

（6）当故障造成断路器不能投运时，应按断路器合闸闭锁的方法进行处理。

（7）检查断路器 SF_6 气体压力、液压压力等是否正常，弹簧机构是否储能。

（8）以上运维人员不能处理的问题应按《高压开关设备管理规范》向主管部门报送缺陷，通知专业人员处理。

39. 断路器手动分、合闸有何不安全因素?

答： 断路器不得带工作电压进行手动机械分、合闸，主要是考虑操作人员的人身和设备安全。手动操作力不足，会使断路器刚合速度小，在电动斥力作用下，断路器合闸可能不到位。用手动机械分闸时，由于手动操作力不足，刚分速度小，延长燃弧时间，致使触头、灭弧室烧坏，甚至切不断电弧。

当断路器远方遥控跳闸失灵或发生人身及严重设备事故而来不及遥控断开断路器时，才允许用手动机械分闸，或者就地操作按钮分闸。

40. 断路器 SF_6 压力低怎么办?

答：（1）定时记录 SF_6 压力值，并将表计的数值与当时环境温度折算到标准温度下的数值比较，判断压力值是否在规定的范围内。如果压力正常属于表计指示错误，应更换 SF_6 表计。

（2）如果确定 SF_6 系统有漏气现象，应请专业人员进行补气。

（3）如果确定 SF_6 密度继电器失灵，应请专业人员更换。

41. SF_6 断路器本体严重漏气怎么办?

答：（1）如果压力值未降至分闸闭锁值，可联系调控中心拉开该断路器。

（2）如果压力值已降至分闸闭锁值，应在后台机上该断路器位置做"禁止分闸"标识。

（3）汇报调控中心，根据命令，采取措施将故障断路器隔离（可按分闸闭锁的处理方法进行处理。）

（4）在接近设备时要谨慎，尽量选择从"上风"接近设备，必要时要戴防毒面具、穿防护服。

（5）室内 SF_6 气体断路器泄漏时，除应采取紧急措施处理外，还应开启风机通风，15min 后方可进入室内。

42. GIS 及 SF_6 断路器运行维护有哪些安全注意事项？

答：（1）进入 GIS 室及 SF_6 断路器室巡视检查时，必须两人巡检（不得单人巡检），且先开启通风设备，按规定时间通风后，方可进入室内检查。

（2）巡视检查时，发生 SF_6 气体分解物逸入 GIS 室事故，运维人员应立即撤离现场，并立即投入全部通风设备，事故发生 15min 内运维人员不得进入室内，在事故 30min～4h 之内，运维人员进入现场，一定要穿防护服及戴防毒面具。

（3）在巡视中发现 SF_6 气体压力下降，若有异声或严重异味，眼、口、鼻有刺激症状，运维人员应尽快离开现场，若因操作不能离开，应戴防毒面具和防护手套，并报告上级部门尽快采取措施。

（4）巡视检查时，在 GIS 室内低凹处，运维人员蹲下检查时间不能过长，防止发生窒息事故。

（5）用过的防毒面具、防护服、橡胶手套、鞋子及其他物品等均须用小苏打溶液洗净后再用，防止人员中毒。

43. 电动隔离开关应在后台机上操作还是就地操作？如果隔离开关远控失灵怎么办？

答：电动隔离开关一般应在后台机上进行操作。如果隔离开关远控失灵，可在测控单元进行就地操作，或在现场就地操作，但必须满足"五防"闭锁条件，并采取相应技术措施，且征得上级相关部门的许可。220kV 隔离开关可就地操作，但必须严格核实电气闭锁条件和采取相应的技术措施；500kV 及以上电压等级的隔离开关不得在现场进行带电状态下的手动操作，若需手动操作时，必须征得调控中心和本单位总工程师的同意后方可进行，并有技术人员或变电站运维负责人在现场。

44. 隔离开关操作时发生异常应该怎么办?

答:(1)拉合隔离开关发现异常时,应停止操作。已拉开的不许再合上,已合上的不许再拉开。接地前应验明无电压,如断路器一相未拉开,已拉开的断路器一侧隔离开关不许立即接地,必须将另一侧隔离开关同时拉开后,方可接地。对于已合上的隔离开关,应用相应的断路器断开,而不能直接拉开该隔离开关。

(2)若发生带负荷拉错隔离开关,在隔离开关动、静触头分离时,发现弧光应立即将隔离开关合上。已拉开时,不准再合上,防止造成带负荷合隔离开关,并将情况及时汇报上级;发现带负荷错合隔离开关时,无论是否造成事故均不准将错合的隔离开关再拉开,应迅速报告所属调控中心听候处理并报告上级。

(3)若隔离开关合不到位、三相不同期时,应拉开重合,如果无法合到位,应停电处理,同时汇报上级领导。

45. 避雷器发生断裂故障怎么办?

答:(1)运维人员应立即到现场对设备进行检查,在初步判断故障的类别、故障相别后,向调控中心及上级相关部门汇报,申请停电处理。

(2)在确认已不带电并做好相应安全措施后,对避雷器的损伤情况进行检查。

(3)在专业人员到来前,运维人员不得挪动故障避雷器的断裂部分,以免造成断口部分的进一步损伤。

(4)运维人员要做好现场的安全措施,以便检修人员对故障设备进行详细检查。

46. 避雷器发生引线脱落故障怎么办?

答:(1)运维人员应立即到现场对设备进行检查,在初步判断故障的类别、故障相别后,向调控中心及上级相关部门汇报,申请停电处理。

(2)在确认已不带电并做好相应安全措施后,对避雷器引线连接端部、均压环状况进行检查。

（3）检查故障避雷器周围的设备是否有放电或损伤。

（4）在专业人员到来前，运维人员不得接触引线的连接端部，也不得攀爬避雷器或架构检查连接端子。

（5）运维人员要做好现场的安全措施，以便检修人员对故障设备进行详细检查。

47. 避雷器瓷套裂纹时怎么办？

答：（1）如天气正常，应请示调控中心将裂纹相的避雷器停用，更换为合格的避雷器。暂时无备件时，在考虑不至于威胁安全运行的条件下，可在裂纹深处涂漆和环氧树脂防止受潮，并安排在短期内更换。

（2）如天气不正常（如雷雨、大雾），应暂时维持避雷器运行状态，待雷雨后再处理。如果因瓷质裂纹已造成接地者，需停电更换，禁止用隔离开关停用有故障的避雷器。

48. 避雷器发生外绝缘套污闪或冰闪故障怎么办？

答：（1）运维人员应立即到现场对设备进行检查，在初步判断故障类别、故障相、闪络程度后，需巡视避雷器引流线、均压环、外绝缘、放电动作计数器及泄漏电流、接地引下线的状态后，向调控中心及运维主管部门汇报。

（2）在事故调查人员到来前，运维人员不得清擦故障避雷器的绝缘外套。

（3）若不能停电处理，运维人员应用红外线检测设备对避雷器进行检测，并加强对避雷器的监视。

（4）若闪络严重，应申请停电处理。

49. 发现避雷器的泄漏电流值异常怎么办？

答：避雷器的泄漏电流值正常应该在规定值以下，当运维人员发现避雷器的泄漏电流值明显增大时，应当：

（1）立即向调控中心及运维主管部门汇报。

（2）对近期的巡视记录进行对比分析。

（3）用红外线检测仪对避雷器温度进行测量。

（4）若确认不属于测量误差，经分析确认为内部故障，应申请停电处理。

50. 避雷器发生爆炸、阀片击穿或内部闪络故障怎么办？

答：（1）运维人员应立即到现场对设备进行检查，在初步判断故障的类别、故障相和巡视避雷器引流线、均压环、外绝缘、放电动作计数器及泄漏电流在线检测装置、接地引下线的状态后，向调度及上级主管部门汇报。

（2）对粉碎性爆炸事故，还应巡视故障避雷器邻近的设备外绝缘的损伤状况，且不得擅自将碎片挪位或丢弃。

（3）避雷器爆炸尚未造成接地时，在雷雨过后拉开相应隔离开关，停用、更换避雷器。

（4）避雷器爆炸已造成接地者，需停电更换，禁止用隔离开关停用故障的避雷器。

（5）在事故调查人员到来前，运维人员不得接触故障避雷器及其附件。

（6）运维人员要做好现场的安全措施，以便专业人员对故障设备进行检查。

51. 处理故障电容器时有哪些安全注意事项？

答： 在处理故障电容器前，应先拉开断路器及断路器两侧隔离开关，然后验电、装设接地线。由于故障电容器可能发生引线接触不良、内部断线或熔丝熔断等，因此有一部分电荷有可能未放出来，所以在接触故障电容器前，应戴绝缘手套，用短路线将故障电容器的两极短接并接地，方可动手拆卸。对双星形接线电容器组的中性线及多个电容器的串联线，还应单独放电。

52. 发现电容器渗漏油怎么办？

答： 电容器渗漏油在运行中是经常见到的，特别是在南方的夏季，更为严重。渗漏油会使浸渍剂减少，元件易受潮，从而导致局部击穿。

电容器发生渗漏油时，应减轻负载或降低周围环境温度，不宜长期运行。若运行时间过长，外界空气和潮气渗入电容器内部使绝缘降低，将使电容器绝缘击穿。运维人员发现电容器严重漏油时，应汇报运维部门主管并停用、检查、处理。

53. 发生电容器爆炸事故时怎么办？

答：在没有装设内部元件保护的高压电容器组中，当电容器发生极间或极对外壳击穿时，与之并联的电容器组将对之放电。当放电能量不能充分释放时，电容器可能爆炸。爆炸后可能会引起其他设备故障甚至发生火灾。防止爆炸的办法是，除加强运行中的巡视检查外，最好安装电容器内部元件保护装置。

电容器无论是单只还是多只爆炸，相应的保护应动作，电容器断路器跳闸。运维人员应迅速隔离故障，若有接地开关时，应合上接地开关；若无接地开关，必须人工放电。

54. 电容器运行电压过高怎么办？

答：（1）当电网电压超过电容器额定电压的 1.1 倍时，应将电容器退出运行。

（2）若在操作过程中引起操作电压升高，且过电压信号报警，应将电容器断开。

（3）串联电抗器接在电容器的电源侧时，应限制母线的运行电压，并根据电抗器比确定母线的运行电压。

55. 电流互感器发生内部故障怎么办？

答：（1）立即汇报调控中心，申请停电处理。

（2）隔离故障电流互感器。500kV 侧可立即对相应出线断路器停电；220kV 系统若采用双母线带旁路的接线方式时可用旁路带运行，若没有旁路则直接将该线路停电。

（3）在未停电之前，禁止在故障的电流互感器二次回路上工作。

（4）故障的电流互感器停电后，应将该电流互感器的二次侧所接保护及自动装置停用。

（5）电流互感器着火，切断电源后，用干粉灭火器、1211 灭火器灭火。

（6）故障的电流互感器在停电前应加强监视。

56. 电流互感器出现哪些异常情况应立即停用？

答：（1）电流互感器发热，温度过高，甚至冒烟起火。

（2）电流互感器内部有噼啪声或其他噪声。

（3）电流互感器内部引线出口处有严重喷油、漏油现象。

（4）电流互感器内部发出焦臭味且冒烟。

（5）线圈与外壳之间或引线与外壳之间有火花放电，电流互感器本体有单相接地。

57. 电流互感器爆炸怎么办？

答：电流互感器爆炸的事故在系统中确实存在，特别是充油电流互感器爆炸事故。充油电流互感器爆炸的后果一般较为严重，除本线路（或间隔）的保护动作、线路或元件设备停电之外，其爆炸的碎片可能会造成相邻设备故障，爆炸后的油若流入电缆沟将可能造成沟内电缆起火。因此，充油电流互感器爆炸事故往往会发展成复合型故障，跳闸的断路器可能不止一台。

由于目前大部分（500kV 及以下电压等级）变电站都是少人或无人值班，在设备爆炸着火时，不可能有运维人员在现场及时灭火，因此，运维人员应当做到：

（1）在第一时间向调控中心汇报和运维主管汇报。

（2）在第一时间内拨打当地 119，要特别强调起火地址和起火原因。

（3）迅速隔离故障。

（4）严密监视站内其他设备的运行情况。

（5）切断电源后，尽最大可能用干粉灭火器、1211 灭火器灭火。

（6）做好防止油流入电缆沟的措施。

58. 运行中发现电流互感器有异常声音怎么办?

答:(1)在运行中,若发现电流互感器有异常声音,可从声响、表计指示及保护异常信号等情况判断是否是二次回路开路。若是,则可按二次回路开路的处理方法进行处理。

(2)若不属于二次回路开路故障,而是本体故障,应降低负荷并申请停电处理。

(3)若异常声音较轻,可不立即停电,但必须加强监视,同时向调控中心及运维主管汇报,安排停电处理。

59. 电流互感器过负荷对安全运行有何影响? 过负荷怎么办?

答:电流互感器不允许长时间过负荷运行,电流互感器过负荷一方面可使铁芯磁通密度达到饱和或过饱和,使电流互感器误差增大,测量不准确,不容易掌握实际负荷;另一方面由于磁通增大,使铁芯和二次绕组过热、绝缘老化快甚至出现损坏等情况。

当发现电流互感器过负荷时,应立即向调控中心汇报,设法转移负荷或减负荷。

60. 电压互感器发生故障怎么办?

答:(1)立即汇报调控中心,申请停电处理。

(2)隔离故障电压互感器,500kV侧可立即用相应出线断路器停电,200kV侧将故障电压互感器母线空出,用母联断路器、分段断路器进行串带停电。35kV(或 10kV)电压互感器,应采用断开主变压器低压侧断路器的方法停电。

(3)严禁非故障的二次回路与故障电压互感器二次回路并列。

(4)电压互感器故障时,应将可能误动的保护停用。

(5)不得将故障电压互感器所在母线的主保护停用。

(6)电压互感器着火,切断电源后,用干粉灭火器、1211 灭火器灭火。

61. 电压互感器出现哪些异常情况应立即停用?

答:(1)电压互感器高压侧熔断器连续熔断两三次。

（2）电压互感器发热，温度过高（当电压互感器发生层间短路或接地时，熔断器可能不熔断，造成电压互感器过负荷而发热，甚至冒烟起火）。

（3）电压互感器内部有噼啪声或其他噪声（这是引起电压互感器内部短路，接地或夹紧螺钉未上紧所致）。

（4）电压互感器内部引线出口处有严重喷油、漏油现象。

（5）电压互感器内部发出焦臭味且冒烟。

（6）线圈与外壳之间或引线与外壳之间有火花放电，电压互感器本体有单相接地。

62. 电压互感器二次短路时怎么办？

答： 电压互感器正常运行时，由于其二次接的都是电压回路，近似在开路的状态下运行。如二次短路时，二次通过的电流增大，造成二次熔断器熔断或二次低压断路器跳闸，影响仪表计量或引起保护误动。如熔断器容量选择不当（或二次低压断路器未跳开），极易损坏电压互感器。若发现电压互感器二次回路短路，应申请停电进行处理。

63. 为什么电缆线路停电后必须充分放电方可装设接地线？

答： 电缆线路相当于一个电容器，停电后线路还存有剩余电荷，对地仍然有电位差。若停电立即验电，验电笔会显示出线路有电。因此必须经过充分放电，验电无电后，方可装设接地线。

64. 母线失压怎么办？

答：（1）根据事故前的运行方式、保护及自动装置动作情况、报警信号、动作时间、故障录波报告、断路器跳闸及设备外状等情况判明故障性质，判明故障发生的范围和事故停电范围。若站用电失去时，先倒站用电，夜间应投入事故照明。

（2）将失压母线上电容器组断路器断开，再断开母线上分路断路器、本侧变压器断路器，做好记录，恢复信号。

（3）若因高压侧母线失压，使中、低压侧母线失压。只要失压的中、低压侧母线无故障象征（中、低压侧母线及分路无保护动作信号），即可先利用备用电源，或合上母线分段（或母联）断路器，先在短时间内恢复供电，再处理高压侧母线失压事故。

（4）采取以上措施后，根据保护动作情况、母线及连接设备上有无故障、故障能否迅速隔离等不同情况，采取相应措施处理。

（5）若属于母差保护误动，本站无故障录波，微机打印报告也无故障波形，则应请示调控中心恢复母线送电。

（6）若因上一级母线故障跳闸造成本级母线失压，则应通过调控中心与对侧取得联系，尽快恢复送电。

65. 中性点与零点、零线的区别是什么？

答：凡三相绕组的首端（或尾端）连接在一起的共同连接点，称电源中性点。当电源的中性点与接地装置有良好的连接时，该中性点便称为零点；而由零点引出的导线，则称为零线。

66. 35kV 同一条母线上两条线路同相接地怎么办？

答：如果为双母接线，可采取倒母线的方法逐路查找接地线路，对于单母接线，则只有将线路逐条停电，可先找出一条接地线路，然后将停电线路逐条送出，送电过程中找出另一条接地线路。

67. 室外母线接头容易发热的原因是什么？

答：室外母线要经常受到风、雨、雪、日晒、冰冻等侵蚀。这些都可促使母线接头加速氧化、腐蚀，使得接头的接触电阻增大，温度升高。

68. 硬母线装设伸缩接头的原因是什么？

答：物体都有热胀冷缩特性，母线在运行中会因发热而使长度发生变化。为避免因热胀冷缩的变化使母线和支持绝缘子受到过大的应力并损坏，所以应在硬母线上装设伸缩接头。

69. 站用交流电压全部消失时怎么办？

答：（1）如事故照明未能自动切换，则应手动投入事故照明。

（2）如监控系统失电时应立即检查 UPS 或逆变电压是否正常投入。

（3）如因站用变压器所接母线全部因故失电，且外电源也失电时，应开启备用发电机或紧急处理一次设备事故，恢复对站用电源的供电。若因备用电压自动投入装置拒动或未投，应拉开工作站用变压器二次隔离开关，手动投入备用站用变压器。若备用电源故障且在短时间内可以排除的，应在处理一次设备事故优先排除备用电源故障，恢复站用电供电。

（4）如因各站用交流母线及受电电缆、隔离开关等设备短路导致站用变跳闸失压，应根据故障前各交流母线运行方式和站用变跳闸情况分析判断故障范围，并在此范围内查找故障点。

（5）如工作站用变压器和备用站用变压器二次低压断路器先后跳闸，则是站用交流母线短路故障。先目测站用母线有无明显短路故障。如有明显短路故障，应拉开各侧电源开关，排除故障。运维人员不能自行排除应通知专业人员处理。

（6）如目测未发现明显短路故障，应拉开站用交流母线各馈电支路低压断路器，分段试送站用交流母线。若站用交流母线试送成功，且送出某一支路后，母线再次失电时，可判断为某馈电支路故障，其低压断路器拒跳或熔断器熔丝过大未熔断，造成上一级跳闸。此时，应在依次送出其他各馈电支路后，再检查该故障支路是否存在短路故障。

（7）若站用交流母线试送不成功，应拉开各电源隔离开关和各馈电支路低压断路器，使用 500V（或 1000V）绝缘电阻表测试站用交流母线各相对地绝缘电阻，判断故障性质，找出故障设备，并更换故障设备。

（8）运维人员短时间内无法查找事故原因，应尽快通知相关人员进一步查找。

70. 如何查找直流接地?

答：应根据运行方式、操作情况、气候影响判断可能发生接地的处所，采取拉路寻找、分段处理的方法。应先寻找信号和照明部分、后寻找控制回路；先寻找室外部分、后寻找室内部分。在切断各专用直流回路时，时间不得超过 3s，且不论回路是否接地均应合上。发现某一专用直流回路有接地时，应及时找出接地点，并尽快将其消除。

71. 查找直流接地应遵循哪些原则？

答：（1）对于两段以上并列运行的直流母线，先采用"分网法"寻找，拉开母线分段开关，判明是哪一段母线接地。

（2）对于母线上允许短时停电的负荷馈线，可采用"瞬间停电法"寻找接地点。

（3）对于不允许短时停电的负荷馈线，则采用"转移负荷法"寻找接地点。

（4）对于充电设备及蓄电池，可采用"瞬间解列法"寻找接地点。

72. 直流系统中若发出母线电压过低信号怎么办？

答：（1）如属于浮充电流不正常，应检查充电模块是否正常。若有异常，需用另一组充电机代运行。

（2）如属于直流负荷突然增大，需查明原因进行处理。

（3）如属于蓄电池组异常，需将负荷倒至另一组无故障蓄电池运行，该蓄电池组退出运行。

73. 直流电源小开关跳开时怎么办？

答：（1）根据小开关所处的位置，查明受影响的范围。

（2）申请停用受影响的保护装置。

（3）查明故障原因，如原因不明，检查无异常，经变电站负责人同意，可考虑试投小开关（逐级试投）。

（4）试投成功，申请恢复保护。

（5）试投不成功，作好必要的安全措施，依此时保护的运行状况做相应的处理。

74. 运维人员若发现工作班成员有违反规程的情况怎么办?

答:运维人员若发现工作人员违反安全规程或任何危及工作人员安全的情况时:

(1)应向工作负责人提出改正意见。

(2)必要时可暂时停止工作,并立即报告上级。

75. 电能表出现异常怎么办?

答:电能表在长期运行中可能出现计数器卡字、表盘空转或不转等异常现象。发现电能表异常应检查电压互感器的二次熔断器是否熔断、电流互感器的二次侧是否开路。属于二次回路问题的,运维人员能处理的应及时处理;属于表计内部故障的,应报专业人员处理。

76. 什么是智能终端和合并单元?

答:智能终端是一种智能组件,与一次设备采用电缆连接,与保护、测控等二次设备采用光纤连接,实现对一次设备的测量、控制等功能。

合并单元用以对来自二次转换器的电流和电压数据进行时间相关组合的物理单元。合并单元可以是互感器的一个组件,也可以是一个分立单元。

77. 变电站光纤保护通道不通会造成什么后果?应怎么处理?

答:(1)光纤保护通道不通时,接收不到对侧信号,将保护闭锁,光纤保护会拒动。

(2)光纤保护通道不通时,"装置异常告警"光字牌亮,保护屏"告警"信号亮,液晶屏显示"通道中断"。

发现光纤保护通道不通时,应汇报调控中心和相关部门,将保护装置退出运行。

78. 变电站全站失压怎么办?

答:(1)尽快与调控中心取得联系。

（2）尽快恢复站用电源。

（3）尽快恢复直流系统。

（4）在夜间投入事故照明。

（5）对站内设备进行全面检查。

（6）对故障设备进行隔离。

（7）根据调控中心命令逐步进行恢复送电。

（8）做好现场事故报告的整理。

79. 在监控机上遥控操作时，当控制命令发出后，遥控拒动怎么办？

答：（1）检查测控屏上对应的"遥控出口"连接片是否误打至"退出"位置，如退出应将其打至"投入"位置。

（2）检查断路器机构箱中"远方/就地"切换把手是否误打至"就地"位置，如是应将其打至"远方"位置。

（3）检查是否为控制回路断线，如是应进行控制回路检修。

（4）检查控制电源是否消失。

（5）遥控出口继电器是否故障。

（6）检查断路器是否处于检修状态。

（7）检查遥控闭锁回路是否故障。

（8）检查遥控是否被强制闭锁。

80. 哪些情况不得进行遥控操作？

答：以下情况不得进行遥控操作：

（1）控制回路故障。

（2）操作机构异常。

（3）监控信息与实际不符。

81. 变电站监控系统出现异常情况怎么办？

答：监控系统出现异常情况时应做如下处理：

（1）发现监控系统某遥测、遥信点与现场实际设备的状态不符或误发信时，应立即派人到现场检查监控屏上显示是否和现场设备相符，并及时汇报主管领导。如果不符合应通知专业人员紧急处理，如相符，在征得主管领导批准后由值班长按规定程序执行关机、重新启动操作。若仍无法解决，应通知专业人员紧急处理。

（2）如果有一台操作员工作站或主机出现死机或大范围遥测、遥信不正确，应立即汇报主管领导，在征得主管领导批准后由值班长按规定程序执行关机、重新启动操作。若仍无法解决，应通知专业人员紧急处理。

（3）如果同时有两台操作员工作站或主机出现死机或大范围遥测、遥信不正确，应立即汇报主管领导及调度，在征得主管领导批准后由值班长按规定程序执行关机、重新启动操作。

（4）如在后台机上不能实现对某一设备的监视，应该立即派人到保护室监视，如仍不能实现监视，应汇报调控中心设备已失去监视，申请停用该设备，并通知专业人员紧急处理。

82. 监控机上进行遥控操作，控制命令发出后，返校不成功怎么办？

答：（1）检查测控装置是否故障，如有故障应更换配件。

（2）检查测控装置是否失去电源。如确认为失去电源，应检查以下设备：

1）测控屏上电源小开关是否在拉开位置。

2）直流屏上测控电源开关是否在拉开位置。

3）测控装置直流插件是否损坏。

（3）检查对应测控屏上"遥控"连接片是否为退出位置状态，如是应将其打至投入位置。

（4）检查对应测控屏上"远方/就地"切换把手是否误打至"就地"，如是应将其打至"远方"位置，再重新操作。

（5）检查通信线路和设备是否故障，如是应检修通信线路和设备。

（6）检查相关通信接口是否松动，如松动应将其插紧，再重新进行遥控操作。

（7）检查通信是否受到干扰，如确定反校不成功为干扰所致，可重新进行遥控操作。

83. 监控机上遥测数据不更新怎么办?

答:(1)检查测控装置是否失去电源。如是,应检查以下设备:

1)测控屏上电源小开关是否在拉开位置。

2)直流屏上测控电源开关是否在拉开位置。

3)测控装置直流插件是否损坏。

(2)检查测控装置是否发生故障。着重检查测控装置交流插件、模数转换插件是否故障。如经过检测确认发生故障,应及时进行更换。

(3)检查电压互感器是否失去电压。

(4)检查电流互感器是否回路短路。

(5)检查某个或多个测控装置与监控机数据通信系统是否中断。

(6)检查是否人工设定为禁止数据更新,如是应解除数据禁止更新。

(7)检查监控机界面接线图与遥测表数据与数据库定义是否对应,如不对应则请专业人员进行检查。

84. 监控机上进行变压器分接头的调整(遥调),遥调命令发出后,遥调拒动怎么办?

答:(1)检查调压机构电源是否未给上,如是应将其电源开关合上。

(2)检查遥调继电器是否损坏,如确认其损坏应及时更换。

(3)检查遥调出口连接片是否误退出,如是应将其投入,并重新进行遥调。

(4)检查是否为遥调成功,但监控机挡位信号未更新。

(5)检查变压器分接开关挡位是否已达上、下限位。

(6)检查变压器是否处于异常运行状态而闭锁了调压,如是则不允许再进行调压。

第三章 变电检修部分

第一节 变压器类设备检修

1. 变压器进行例行检修时有哪些注意事项?

答:(1)在变压器的二次控制及风扇控制、有载开关控制回路工作时,必须两人进行,必须确认电源低压断路器已经拉开。用仪表进行检查,确认无电压后,方可进行工作。

(2)应注意与带电设备保持足够的安全距离,见表 3-1。

表 3-1   设备不停电时的安全距离

电压等级(kV)	安全距离(m)	电压等级(kV)	安全距离(m)
10 及以下(13.8)	0.70	1000	8.70
20、35	1.00	±50 及以下	1.50
66、110	1.50	±400	5.90
220	3.00	±500	6.00
330	4.00	±660	8.40
500	5.00	±800	9.30
750	7.20		

注 (1)表中未列电压等级按高一档电压等级确定安全距离。
(2)±400kV 数据是按海拔 3000m 校正的,海拔 4000m 时安全距离为 6.00m。750kV 数据是按海拔 2000m 校正的,其他等级数据按海拔 1000m 校正。

(3)现场使用的电气设备绝缘必须良好,外壳必须良好接地,电源线绝缘不得破损漏电。

(4)高空作业应按规程规定使用安全带,安全带应挂在牢固的构件上,禁止低挂高用。

（5）严禁上下抛掷物品。

2. 变压器检修的环境要求有哪些?

答：（1）检修场地周围应无可燃或爆炸性气体、液体或火种，否则应采取有效的防范措施。

（2）进行现场变压器检修的工作，需做好防雨、防潮、防尘和消防措施。

（3）准备充足的施工电源及照明。

（4）检修的过程中应尽量减少变压器油的泄漏，最大限度地减少对土地及地下水的污染，同时应最大限度地减少固体弃物对环境的污染。

3. 变压器小修一般包括哪些内容?

答：变压器小修一般包括：

（1）做好修前准备工作。

（2）检查并消除现场可以消除的缺陷。

（3）清扫变压器油箱及附件，紧固各部法兰螺丝。

（4）检查各处密封状况，消除渗漏油现象。

（5）检查一、二次套管，安全气道薄膜及油位计玻璃是否完整。

（6）检查气体继电器。

（7）调整储油柜油面，补油或放油。

（8）检查调压开关转动是否灵活，各接点接触是否良好。

（9）检查吸湿器变色硅胶是否变色。

（10）进行定期的测试和绝缘试验。

4. 变压器大修有哪些项目?

答：变压器大修包括：

（1）对外壳进行清洗、试漏、补漏及重新喷漆。

（2）对所有附件（油枕、安全气道、散热器、所有截门、气体继电器、套管等）进行检查、修理及必要的试验。

（3）检修冷却系统。

（4）对器身进行检查及处理缺陷。

（5）检修分接开关（有载或无励磁）的接点和传动装置。

（6）检修及校对测量仪表。

（7）滤油。

（8）重新组装变压器。

（9）按规程进行试验。

5. 变压器运输时应注意哪些事项？

答：（1）了解两地的装卸条件，并制订措施。

（2）对道路进行调查，特别对桥梁等进行验算，制订加固措施。

（3）应有防止变压器倾斜翻倒的措施。

（4）道路的坡度应小于 15°。

（5）与运输道路上的电线应有可靠的安全距离。

（6）选用合适的运输方案，并遵守有关规定。

（7）停运时应采取措施，防止前后滚动，并设专人看护。

6. 变压器吊芯起吊过程中应注意哪些事项？

答：（1）吊芯前应确认与作业无关人员已全部撤离现场。

（2）应检查起重设备与被吊设备匹配，保证其安全可靠。

（3）使用的钢丝绳经过计算应符合要求。

（4）钢丝绳起吊夹角应在 30° 左右，最大不超过 60°。

（5）起吊时器身上升应平稳、正直，并有专人监护。

（6）吊起 100mm 左右后，检查各受力部分是否牢固，刹车是否灵活可靠，然后方可继续起吊。

7. 变压器套管在安装前应检查哪些项目？

答：（1）瓷套表面有无裂纹伤痕。

（2）套管法兰颈部及均压球内壁是否清洁干净。

（3）套管经试验是否合格。

（4）充油套管的油位指示是否正常，有无渗油现象。

8. 设备的接触电阻过大时有什么危害?

答：设备的接触电阻过大时，有以下危害：

（1）使设备的接触点发热。

（2）时间过长缩短设备的使用寿命。

（3）严重时可引起火灾，造成经济损失。

9. 常用的减少接触电阻的方法有哪些?

答：常用减少接触电阻的方法有：

（1）磨光接触面，扩大接触面。

（2）加大接触部分压力，保证可靠接触。

（3）采用铜、铝过渡线夹。

10. 有载调压的原理是什么?

答：有载调压分接开关一般由选择开关和切换开关两部分组成，在改变分接头时，选择开关的触头是在没有电流通过情况下动作，而切换开关的触头是在通过电流的情况下动作，因此切换开关在切换过程中需要接过渡电阻以限制相邻两个分接头跨接时的循环电流，所以能带负荷调整电压。

11. 有载调压操动机构必须具备哪些基本功能?

答：（1）能有 $1 \rightarrow n$ 和 $n \rightarrow 1$ 的往复操作功能。

（2）有终点限位功能。

（3）有一次调整一个挡位功能。

（4）有手动和电动两种操作功能。

（5）有位置信号指示功能。

12. 给运行中的变压器补充油时应注意什么?

答：（1）注入的油应是合格油，防止混油。

（2）补充油之前把重瓦斯保护改至信号位置，防止误动跳闸。

（3）补充油之后检查瓦斯继电器，并及时放气，然后恢复。

例：×××年××月××日，××变电站 220kV 1 号主变压器补油时，重瓦斯保护已改至信号位置，注完油后未及时检查瓦斯继电器位置就将重瓦斯保护由信号位置投入跳闸位置，此时瓦斯继电器处于接通状态，导致 220kV 1 号主变压器重瓦斯保护动作，主变压器跳闸。

13. 对电流互感器进行例行检修时应注意哪些事项？

答：（1）电流互感器二次侧严禁开路。

（2）应认真检查电流互感器的状态，注意对继电保护和安全自动装置的影响，防止误动。

（3）断开与互感器相关的各类电源并确认已无电压。拆下的控制回路及电源线头所作标记应正确、清晰、牢固，防潮措施可靠。

14. 对电压互感器进行例行检修时应注意哪些事项？

答：（1）工作前必须认真检查停用电压互感器的状态，应注意对继电保护和安全自动装置的影响，检查二次回路主熔断器或低压断路器断开，防止电压反送。

（2）在现场进行电压互感器的检修工作，应注意与带电设备保持足够的安全距离（见表 3-1），同时做好检修现场各项安全措施。

（3）断开与电压互感器相关的各类电源并确认已无电压。

（4）拆下的控制回路及电源线头所作标记应正确、清晰、牢固，防潮措施可靠。

（5）电压互感器二次回路严禁短路。

15. 互感器安装时应检查哪些内容？

答：（1）安装前检查基础、几何尺寸是否符合设计要求，有无变动，误差是否在允许范围内。

（2）同一种类型同一电压等级的互感器在并列安装时要在同一平面上。

（3）中心线和极性方向也应一致。

（4）二次接线端及油位指示器的位置应位于便于检查的一侧。

16. 互感器哪些部位应妥善接地?

答:(1)互感器外壳。

(2)分级绝缘的电压互感器的一次绕组的接地引出端子。

(3)电容型绝缘的电流互感器的一次绕组包绕的末屏引出端子及铁芯引出接地端子。

(4)暂不使用的二次绕组。

17. 油浸式互感器采用金属膨胀器有什么作用?

答:金属膨胀器的主体实际上是一个弹性元件,当互感器内变压器油的体积因温度变化而发生变化时,膨胀器主体容积发生相应的变化,起到体积补偿作用。保证互感器内油不与空气接触,没有空气间隙、密封好,减少变压器油老化。只要膨胀器选择正确,在规定的量度变化范围内可以保持互感器内部压力基本不变,减少互感器事故的发生。

18. 电压互感器二次侧为什么必须接地?

答:电压互感器二次侧接地属于保护接地,主要是防止一、二次绝缘击穿,高压侧串到二次侧来,对人身和设备造成危害。另外,因二次回路绝缘水平低,若没有接地点,也会击穿,使绝缘损坏更严重。

19. 电流互感器和电压互感器二次为什么不许互相连接?

答:电压互感器连接的是高阻抗回路,称为电压回路;电流互感器连接的是低阻抗回路,称为电流回路。如果电流回路接入电压互感器二次侧会使电压互感器二次侧短路,造成电压互感器熔断器熔断或电压互感器烧坏以及保护误动等事故。如电压回路接入电流互感器二次侧,则会造成电流互感器二次绕组近似开路,出现高电压,威胁人身和设备安全。

20. 电压互感器在一次接线时应注意什么?

次接线正确,连接可靠。

（2）电气距离符合要求。

（3）装好后的母线，不应使互感器的接线端承受机械力。

21. 新型互感器使用了哪些新材料？这类产品具有哪些优越性？

答：新型互感器使用采用环氧树脂、不饱和树脂绝缘和塑料外壳，还有的采用 SF_6 气体绝缘，代替老产品的瓷绝缘和油浸绝缘，铁芯采用优质硅钢片和新结构，使产品具有体积小、质量轻、精度高、损耗小、动热稳定倍数高等优越性，而且满足了防潮、防霉、防盐雾的三防要求。

22. 对消弧线圈成套装置（干式）进行例行检修时应注意哪些安全事项？

答：（1）检修前，应对调容与相控式装置内的电容器充分放电。

（2）使用带有绝缘外皮的工器具，防止低压触电。

（3）调匝式分接开关传动机构及控制回路检修时，应先断开上级电源低压断路器。

（4）二次回路工作，应使用带有绝缘外皮的工器具，防止交、直流接地或短路。

（5）工作中严禁电流互感器二次侧开路、电压互感器二次侧短路。

23. 对消弧线圈成套装置（油浸）进行例行检修时应注意哪些安全事项？

答：（1）检修前，应对调容与相控式装置内的电容器充分放电。

（2）使用带有绝缘外皮的工器具，防止低压触电。

（3）作业现场严禁明火，电焊、气焊等工作要远离检修区域，并配备充足的消防器材。

（4）调匝式分接开关传动机构及控制回路检修时，应先断开上级电源低压断路器。

（5）二次回路工作，应使用带有绝缘外皮的工器具，防止交、直流接地或短路。

（6）工作中严禁电流互感器二次侧开路、电压互感器二次侧短路。

24. 对站用变压器进行例行检修时应注意哪些事项？

答：（1）断开与站用变压器相关的高压、低压侧电源并确认已无电压并做好相应的安全措施。

（2）应注意与带电设备保持安全距离（见表3-1）。

（3）严禁上下抛掷物品，正确使用安全带。

第二节　开关类设备检修

1. 高压断路器的主要作用是什么？

答：（1）能切断或闭合高压线路的空载电流。

（2）能切断与闭合高压线路的负荷电流。

（3）能切断与闭合高压线路的故障电流。

（4）与继电保护配合，可快速切除故障，保证系统安全运行。

2. 高压断路器的检修分为哪几种？

答：高压断路器的检修分为以下几种：

（1）大修。对设备的关键零部件进行全面解体的检查、修理或更换，使之重新恢复到技术标准要求的正常功能。

（2）小修。对设备不解体进行的检查与修理。

（3）临时性检修。针对设备在运行中突发的故障或缺陷而进行的检查与修理。

3. 断路器为什么要定期进行小修和大修？

答：断路器要定期进行小修和大修，因为存在以下情况：

（1）断路器在正常的运行中，存在着断路器机构轴销的磨损。

（2）润滑条件变坏。

（3）密封部位及承压部件的劣化。

（4）导电部件损耗。

（5）灭弧室的脏污。

（6）瓷绝缘的污秽等情况。

所以要进行定期检修，以保证断路器的主要电气性能及机械性能符合规定值的要求。

4. 按操作能源性质的不同，操动机构可分为哪几种？

答：按操作能源性质不同，操动机构可分为：手动操动机构、电磁操动机构、弹簧操动机构、液压操动机构和气动操动机构。

5. 液压操动机构的主要优缺点及适用场合是什么？

答：优点是：

（1）不需要直流电源。

（2）暂时失电时，仍然能操作几次。

（3）功率大，动作快。

（4）冲击小，操作平稳。

缺点是：

（1）结构复杂，加工精度要求高。

（2）维护工作量大。

适用于 110kV 以上断路器，它是超高压断路器和 SF_6 断路器采用的主要机构。

6. 什么原因造成液压机构合闸后又分闸？

答：造成液压机构合闸后又分闸的可能原因有：

（1）分闸阀杆卡滞，动作后不能复位。

（2）保持油路漏油，使保持压力建立不起来。

（3）合闸阀自保持孔被堵，同时合闸的逆止钢球复位不好。

7. 断路器跳跃时，对液压操动机构如何处理？

答：（1）检查分闸阀杆，如变形，应及时更换。

（2）检查管路连接、接头连接是否正确。

（3）检查保持阀进油孔是否堵塞，如堵塞应及时清扫。

8. 电动操动机构电动机主回路故障有哪些？

答：（1）电动机缺相。

（2）电动机匝间或相间短路。

（3）分、合闸交流接触器主接点断线或松动，可动部分卡住。

（4）热继电器主触点断线或松动。

（5）电动机用小型断路器触点断线或松动。

9. 断路器缓冲装置的作用是什么？

答： 断路器在操作过程中运动部件的速度很高，使得运动部件在运动即将结束时具有很大的动能，要使运动部件在较短的行程内停止下来，需要装置分、合闸缓冲器，使动作过程即将结束时的动能有控制地释放出来并转化为其他形式的能量，以保证在制动过程中吸收危及设备正常运行的冲击力，减少撞击，避免零部件变形损坏。

10. 断路器检修过程中应注意哪些安全事项？

答：（1）断开与断路器相关的各类电源并确认无电压，充分释放弹簧能量。

（2）在调整、检修断路器设备及传动装置时，应有防止断路器意外脱扣伤人的可靠措施，施工人员应避开断路器可动部分的动作空间。

（3）对于液压、气动及弹簧操作机构，严禁在有压力或弹簧储能的状态下进行拆装或检修工作。

（4）在调整断路器及安装引线时，严禁攀登套管绝缘子。

（5）拆下的控制回路及电源线头所作标记正确、清晰、牢固，防潮措施可靠。

11. 测量断路器分、合闸同期性的意义是什么？

答： 断路器分、合闸同期性是指分闸或合闸时三相不同期的程度，要求这种不同期程度越小越好，断路器分合闸严重不同期，将造成线路或用电设备的非全相接入或切除，可能产生危及设备绝缘的过电压，对断路器的触头也会带来损伤，并造成发电机、变压器同期并列不良。因此对断路器进行三相同期性试验是很必要的。

12. 断路器分、合闸速度的快慢对断路器的影响有哪些？

答：对于高压断路器，刚分速度的降低将使触头的燃弧时间延长，特别是在切断短路故障时，可能使触头烧损，甚至发生爆炸。而刚合速度的降低，若合闸于短路故障时，由于阻碍触头关合电动力的作用，将引起触头振动或使其处于停滞状态，同样容易引起爆炸，特别是在自动重合闸不成功的情况下更是如此。反之，速度过高，将使运动机械受到过度的机械应力，造成个别部件的损坏或缩短使用寿命。

13. 断路器的分、合闸速度不符合要求时应如何处理？

答：（1）若分闸速度合格，且在下限，合闸速度不合格，应检查合闸线圈的端了电压及断路器的机构有无卡劲，线圈直流电阻是否合格等，针对问题及时处理。

（2）若分闸速度合格，且在上限，合闸速度不合格时，可调整分闸弹簧的预拉伸长度使其合格。

（3）若分闸速度不合格，可调整分闸弹簧长度使其合格。

14. 真空断路器的灭弧原理是什么？

答：在真空中由于气体分子的平均自由行程很大，气体不容易产生游离，真空的绝缘强度比大气的绝缘强度要高得多，当开关分闸时，触头间产生电弧、触头表面在高温下挥发出金属蒸汽，由于触头设计为特殊形状，在电流通过时产生一磁场，电弧在此磁场力的作用下，沿触头表面切线方向快速运动在金属圆筒（即屏蔽罩）上凝结了部分金属蒸汽，电弧在自然过零前就熄灭了，触头间的介质强度又迅速恢复起来。

15. 哪种情况下不得搬运开关设备?

答:(1)隔离开关、闸刀型开关的刀闸处在活动位置时。

(2)断路器、气动低压断路器、传动装置以及有退回弹簧或自动释放的开关,在合闸位置和未锁好时。

16. SF_6 断路器的优缺点有哪些?

答:SF_6 断路器的优点如下:

(1)开断短路电流大,一般能达到 $40\sim50kA$ 以上,最高可以达到 $80kA$。

(2)载流量大(额定电流可达 $12\ 000A$),电气寿命长。

(3)SF_6 气体介质强度恢复速度快,开断近区故障的性能好,开断电容电流时不产生重燃,通常切断各种故障时产生过电压低,可降低设备的绝缘水平。

(4)结构全密封,减少事故可能,运行可靠性高。

(5)结构紧凑,体积小,占地面积小。

(6)安装调试方便,施工周期短。

(7)检修周期长,维护工作量小,年运行费用低。

SF_6 断路器的缺点如下:

(1)制造工艺要求高,制造成本高,价格昂贵。

(2)SF_6 气体处理和管理工艺复杂

17. 检修 SF_6 配电装置时应注意什么?

答:(1)进入 SF_6 配电装置低位区和电缆沟进行工作,要先检测含氧量(不低于 18%)。

(2)打开设备封盖后,工作人员应暂时撤离现场 30min。取出吸附剂和清扫粉尘时,要戴防毒面具和防护手套。设备解体后用氮气对断路器进行清洗。

(3)断路器解体检修前要对 SF_6 气体进行检验,检修人员应穿着防护服,佩戴防毒面具,并对 SF_6 气体进行回收。

(4)在室内检修时要注意通风换气,工作现场要布置 SF_6 气体泄漏报警仪。

18. SF₆设备充气时应注意哪些事项？

泄漏报警仪。

18. SF$_6$设备充气时应注意哪些事项？

答：向 SF$_6$ 设备充气时，气瓶应斜放，最好端口低于尾部，这样可减少瓶中水分进入设备。瓶中压力降至 1 个表压时，应即停止不要再充，因为剩气中水分及杂质较多。

19. 怎样使 SF$_6$设备中的气体含水量达到要求？

答：要根据水分来源采取以下措施：

（1）确保设备的所有密封部位都具有良好的密封性能，以减小外界水蒸气向设备内部侵入的速率。

（2）充入合格的 SF$_6$ 气体。充气时要保持气路系统具有良好的气密性及正确的操作方法。

（3）往设备内部充入 SF$_6$ 气体以前，必须对设备内部的水分进行处理。

20. SF$_6$断路器气体系统检修的项目及技术要求是什么？

答：SF$_6$ 气体系统检修项目如下：

（1）SF$_6$ 充放气逆止阀的检修，更换逆止阀密封圈，对顶杆和阀芯进行检查。

（2）对管路接头进行检查并进行检漏。

（3）对 SF$_6$ 密度继电器的整定值进行校验，按检修后现场试验项目标准进行。

技术要求如下：

（1）顶杆和阀芯应无变形，否则应进行更换。

（2）SF$_6$ 管接头密封面无伤痕。

（3）密度继电器整定值应符合制造厂规定。

21. SF$_6$断路器导电回路电阻超标的原因有哪些？应怎样处理？

答：故障原因：

（1）触头连接处过热、氧化，连接件老化。

（2）触头磨损。

处理方法：

（1）触头连接处过热、氧化或者连接件老化，则拆开断路器，按规定的方式清洁、润滑触头表面，重新装配断路器并检查回路电阻。

（2）触头磨损，则对其进行更换。

22. 隔离开关在检修前，应检查哪些项目？

答：为了解高压隔离开关在检修前的状态以及对检修前后测量数据进行比较，在检修前，应对隔离开关做以下检查：

（1）隔离开关主回路电阻测量。

（2）隔离开关手动、电动分合试验，接地开关分合试验。

（3）电动机构急停、限位、闭锁等功能试验。

（4）隔离开关外观各部尺寸的测量。

23. 隔离开关的小修项目有哪些要求？

答：检修前应先了解该设备运行中的缺陷，主要进行下列检查：

（1）清扫检查瓷质部分及绝缘子浇接口处有无缺陷。

（2）试验各转动部位有无卡涩，并注润滑油。

（3）清洗动、静触头，检查其接触情况，触指弹簧片应不失效。

（4）检查各相引线卡子及导电回路连接点。

（5）检查三相接触深度和同期情况。

（6）检查电气或机械闭锁情况，对于电动机构或液压机构，应转动检查各部分附件装置。

（7）最后填好检修记录。

24. 隔离开关的大修项目主要有哪些？

答：大修项目中包括全部小修项目，主要有：

（1）列为大修的隔离开关应解体清扫检查。

（2）对各导电回路的连接点均应检修，必要时应做接触电阻测试，对轴承及转动的轴销应解体清洗处理，然后加润滑油。

（3）对电动机构各传动零部件、电气回路、辅助设备检查调试。

（4）液压机构要解体清洗、换油、试漏。按该型号隔离开关的技术要求进行全面调整试验，金属支架及易锈的金属部件要去锈、刷漆，适当部分刷相位标志。

（5）最后填写大修记录。

25. 隔离开关作业有哪些危险点？相应的安全措施应怎么做？

答：隔离开关作业危险点：

（1）高处作业人员从高处掉落、摔伤。

（2）检修作业中瓷瓶意外断裂伤人。

（3）隔离开关调整中配合不协调伤人。

隔离开关危险点控制措施：

（1）2m 以上高处作业人员必须使用安全带，安全带的一端需系在牢固的部位，其长度能起到保护作用。

（2）使用梯子作业，应符合《安规》的具体规定，梯子不得靠在支持绝缘子上。

（3）检修人员工作中不得倚靠绝缘子，安全带不能固定在绝缘子上。

（4）作业人员和操作机构人员配合好，由作业人员发令。

（5）手脚不得放在接触触头和转动部位上。

26. 隔离开关接触面如何检修？

答：隔离开关的接触面在电流和电弧的热作用下，会产生氧化铜膜和烧伤痕迹。在检修时对非镀银触指用锉刀及砂布进行清除和加工，对镀银触指用 25.28%氨水浸泡后用尼龙刷子刷去硫化银层或用清水清洗，使接触面平整并具有金属光泽，然后涂上中性凡士林油。

27. 长期运行的隔离开关，其常见的缺陷有哪些？

答：（1）触头弹簧的压力降低，触头的接触面氧化或积存油泥而导致触头发热。

（2）传动及操作部分的润滑油干涸，油泥过多，轴销生锈，个别部件生锈以及产生机械变形等，以上情况存在时，可导致隔离开关的操作费力或不能动作，距离减小以致合不到位和同期性差等缺陷。

（3）绝缘子断头、绝缘子折伤和表面脏污等。

28. 隔离开关触头过热有哪些原因？

答：（1）触指与触头接触不良，引起触头过热。

（2）触指、触头烧损严重，接触不良引起过热。

（3）触指弹簧失效，压力不够引起过热。

（4）各连接部分松动引起过热。

29. 隔离开关传动部分故障有哪些？

答案：（1）传动连杆轴销生锈卡死。

（2）转动轴承生锈损坏卡死。

（3）主隔离开关与接地开关闭锁板卡死。

（4）伞形齿轮脱齿。

（5）垂直连杆进水冬天冻冰，严重时使操作机构变形，无法操作。

30. 隔离开关导电部分检修的项目和技术要求的规定有哪些？

答：检修项目：

（1）主触头的检修。

（2）触头弹簧的检修。

（3）导电臂的检修。

（4）接线座的检修。

技术要求：

（1）主触头接触面无过热、烧伤痕迹，镀银层无脱落现象。

（2）触头弹簧无锈蚀、分流现象。

（3）导电臂无锈蚀、起层现象。

（4）接线座无腐蚀，转动灵活，接触可靠。

（5）接线板应无变形、无开裂，镀层应完好。

31. 隔离开关检修完毕后，调试试验前的检查项目及标准是什么？

答：（1）隔离开关检修后组装完毕。

（2）隔离开关检修后各部螺栓均紧固良好。

（3）手动操作隔离开关能正常分、合闸。

32. 高压开关柜的故障类型有哪些？

答：（1）断路器拒动、误动故障。

（2）开断与关合故障。

（3）绝缘故障。

（4）载流故障。

（5）二次回路故障。

（6）防误装置故障。

（7）其他故障，如异物撞击，自然灾害，小动物造成的短路等。

33. 高压开关柜故障应重点查找哪些元件？

答：在打开高压开关柜柜门前应先对柜体进行安全检查，然后才能打开柜门检查柜内设备，当发现问题时应作好记录、并用仪器设备作进一步检查判断。

对开关柜柜体检查的内容如下：

（1）绝缘部件的表面，检查有无裂纹、明显划痕、闪络痕迹等现象，绝缘子固定螺丝有无松动。

（2）检查母线、引线有无发热现象，连接螺栓有无松动，母线接头处的示温片有无变色和脱落。

（3）检查开关柜接地装置是否接地完好。

（4）检查互感器、避雷器等设备外观有无异常。

（5）检查隔离开关或接地开关外观有无异常。

（6）检查断路器外观有无异常外观。

对操动机构检查的内容：操动机构中重点检查的主要元件有分合闸线圈、辅助开关、合闸接触器、二次接线端子、分合闸控制开关、操作电源功率元件、电磁联锁机构的电磁线圈和储能电机及控制元件等。

34. 开关柜检修中怎样防止发生机械伤害？

答：（1）事前把所有储能部件能量释放掉。

（2）进行参数测试调整时，严禁将手、脚踩放在断路器的传动部分和框架上。

（3）在进行机械调整时，将控制、保护回路电源断开。

（4）严禁将手、脚踩放在开关的传动部分和框架上。

35. 高压开关柜中常说的"五防"设计，主要是哪五种防护措施的设计要求？

答：（1）防止带负荷分、合隔离开关。

（2）防止误分、合断路器。

（3）防止接地开关合上时（或带接地线）送电。

（4）防止带电合接地开关（挂接地线）。

（5）防止误入带电间隔。

36. 开关柜的联锁装置设置了哪些联锁功能，可以防止误操作，有效地保护操作人员和开关柜？

答：联锁装置的功能如下：

（1）断路器和接地开关在分闸位置时，手车能从试验/隔离位置移动到运行位置，在这种分闸状态下，手车也能反向移动（机械联锁）。

（2）手车已完全处于试验或运行位置，断路器才能合闸（机械和电气联锁）。

（3）手车在试验或运行位置而没有控制电压时，断路器不能合闸，仅能手动分闸（电气联锁）。

（4）手车在运行位置时，控制线插头被锁定，不能拔出（机械联锁）。

（5）手车在试验/隔离位置或移开时，接地开关才能合闸（机械联锁）。

（6）合接地开关时，手车不能从试验/隔离位置移向运行位置（机械联锁）。

（7）可在手车或接地开关操动机构上安装附加联锁装置，如闭锁电磁铁等。

37. 开关柜中防止带电合接地开关是怎样实现的？

答：（1）机械联锁。断路器底盘车在工作位置时，如果此时电气联锁失效或未使用，此时即使合接地开关也是合不上的（当接地开关在合位时联锁挡板是探出来的，而当底盘车在工作位置时底盘车的右侧车体立面阻挡了联锁挡板的弹出从而实现了对接地开关的闭锁，防止了带电关合接地开关的误操作事故）。

（2）电气联锁。只有当接地开关下侧电缆不带电时，接地开关才能合闸。安装强制闭锁型带电指示器，接地开关安装闭锁电磁铁，将带电指示器的辅助触点接入接地开关闭锁电磁铁回路，带电指示器检测到电缆带电后闭锁接地开关合闸。

38. 开关柜"五防"闭锁装置检修后的验收内容及要求有哪些？

答：（1）手车推入柜内后，只有断路器手车已完全咬合在试验或工作位置时，断路器才能合闸。

（2）断路器在试验位置或工作位置合闸后，断路器手车无法移动。

（3）接地开关合闸后，当断路器手车处于试验位置时，手车不能从试验位置移至工作位置。

（4）手车在试验和工作位置之间移动时，断路器处于分闸状态，接地开关不能合闸。

（5）电缆室门未关好时，接地开关传动杆应被卡住。

39. 开关柜母线室的主要检修内容有哪些？

答：（1）检查母线的绝缘支撑检修。

（2）检查母线连接螺栓检查紧固。

（3）检查清扫母线热缩套、检查绝缘是否良好。

40. 安装手车式高压断路器柜时应注意哪些问题？

答：（1）地面高低合适，便于手车顺利地由地面过渡到柜体。

（2）每个手车的动触头应调整一致，动静触头应在同一中心线上，触头插入后接触紧密，插入深度符合要求。

（3）二次线连接正确可靠，接触良好。

（4）电气闭锁或机械闭锁装置应调整到正确可靠。

（5）门上的继电器应有防振圈。

（6）柜内的控制电缆应固定牢固，并不妨碍手车的进出。

（7）手车接地触头应接触良好，电压互感器、手车底部接地点必须接地可靠。

41. GIS 设备安装或检修时现场环境应注意什么？

答：（1）空气湿度必须不大于 80%，以防止工作过程中潮气被吸入设备内部。

（2）对于户外安装工作必须选择晴好天气，风速要小于 3 级。安装现场与外界之间要设置围栏，且应控制外来人员的出入。必要时可在安装现场局部小范围内用塑料布临时围成工作小空间，以避免灰尘等异物进入气室而影响绝缘性能。

（3）户内安装工作要考虑关闭门窗，且设备在运进室内前应清理干净。每天工作之前应打扫现场，用吸尘器吸出设备和地面上的灰尘杂物，以保持室内清洁。

（4）现场使用的工器具必须严格管理,严防遗留在 GIS 设备内部。

42. GIS 设备安装或检修时现场工作人员的着装应注意什么？

答：（1）不能用粗纤维松散性衣料制作的工作服，要选用紧密型长纤维织物，服装上不能有纽扣和口袋，且不能有毛边露在外面。

（2）工作人员要戴能将头发罩住的工作帽，并戴医用口罩。如果是检修断路器气室，则要戴防毒面具（或防毒口罩）和防护眼镜。

43. GIS 设备安装或检修时应如何保证人身安全？

答：SF_6 气体比重大，容易沉积在低凹处（如电缆沟内）。在电弧高温作用下，SF_6 气体可能会分解产生某些有毒物质，所以工作人员要采取相应措施以保证安全：

（1）每天开工前打开排气扇通风排气（指户内 GIS 安装），排气扇应装在最低处。

（2）工作人员进入 SF_6 气体易泄漏和积聚的危险地区工作前，应先测量空气中的 SF_6 气体的含量，确认没有危险后才能进入。

（3）进入母线筒体内工作前，应先将盖子打开，并用风扇对内部吹 30min 左右，使内部 SF_6 气体得以充分散发。

（4）检修过程中，当设备内气体已经回收并打开盖板后，除要用鼓风机清除掉 SF_6 气体外，还应检查内部是否有结晶的低氟化物（如白色的结晶体）。发现这种有毒物质后，应用工具将其清除并收集后妥善处置。

44. GIS 设备抽真空的标准是什么？

答： 抽真空达到气室内绝对压力小于 133Pa 后，继续维持真空泵运行 30min，停泵并隔离。静置 30min 后读取气室绝对压力值 A，再静置 5h 后读取绝对压力值 B。当 $B-A$ 的值小于 67Pa 时，气室密封方为合格。

45. 哪些情况下 GIS 设备需要装设快速接地开关？

答：（1）停电回路的最先接地点。用来防止可能出现的带电误合接地造成封闭电器的损坏。

（2）利用快速接地开关来短路封闭电器内部的电弧，防止事故扩大。一般为分相操作，投入时间不小于接地飞弧后 1s。

第三节　四小器类设备及接地装置检修

1. 对避雷器进行例行检修时应注意哪些事项？

答：（1）工作中禁止将安全带系在避雷器及均压环上。

（2）高空作业时工器具及物品应采取防跌落措施，禁止上下抛投物件。

（3）雷雨天气严禁检修操作。

2. 避雷器在安装前应检查哪些项目？

答：（1）设备型号要与设计相符。

（2）瓷件或复合绝缘子应无裂纹、破损，瓷套或复合绝缘子与法兰间的结合应良好。

（3）向不同方向轻摇动，内部应无松动响声。

（4）组合元件经试验合格，底座和拉紧绝缘子的绝缘应良好。

3. 并联电容器定期检修时应注意什么？

答：（1）维修或处理电容器故障时，应断开电容器的断路器，拉开断路器两侧的隔离开关，并对并联电容器组完全放电且接地后，才允许进行工作。

（2）检修人员戴绝缘手套，用短接线对电容器两极进行短路后，才可接触设备。

（3）对于额定电压低于电网电压、装在对地绝缘构架上的电容器组停用维修时，其绝缘构架也应接地。

4. 在并联电容器的回路通常串联电抗器的作用是什么？

答：（1）降低电容器投切过程中的涌流倍数和抑制电容器支路的高次谐波。

（2）同时还可以降低操作过电压。

（3）在某些情况下，还能限制故障电流。

5. 电容器的搬运和保存应注意什么？

答：（1）搬运电容器时应直立放置，严禁搬拿套管。

（2）保存电容器应在防雨仓库内，周围温度应在$-40 \sim +50℃$范围内，相对湿度不应大于95%。

（3）户内式电容器必须保存于户内。

（4）在仓库中存放电容器应直立放置，套管向上，禁止将电容器相互支撑。

6. 电力电容器在安装前应检查哪些项目?

答:(1)套管芯棒应无弯曲和滑扣现象。

(2)引出线端连接用的螺母垫圈应齐全。

(3)外壳应无凹凸缺陷,所有接缝不应有裂纹或渗油现象。

7. 室内电容器的安装有哪些要求?

答:(1)应安装在通风良好,无腐蚀性气体以及没有剧烈振动、冲击,易燃、易爆物品的室内。

(2)安装电容器应根据容量的大小合理布置,并考虑安全巡视通道。

(3)电容器室应为耐火材料的建筑,门向外开,要有消防措施。

(4)室内电容器安装时应注意环境温度不超过电容器厂家规定的温度。

8. 电力电容器的常见故障有哪些? 应如何处理?

答:(1)电容器内部异常,如:电容器漏油、套管损坏、外壳变形、熔丝熔断、绝缘降低、保护动作、温度升高、电容量非标等,其检修可采用局部漏油工艺处理,或紧固,或补漏,或更换电容器。

(2)电容器温度过高,产生设备电气回路发热,这种情况极易发生,这是因为通风不好,环境温度过高或电接触紧固不好,氧化严重所致,应做检查处理。如改善通风条件,增大间距,导流面修复紧固等。

(3)外壳膨胀,这有可能是内部发生局部放电或过电压现象所致,应采用相应手段或停电进行更换。

(4)爆炸,这是内部绝缘击穿所造成设备损坏,此时应停电进行更换。

(5)集合式电容器油位过低,这有可能是漏油或调整油位不当所致,应进行补充加油。

(6)电容器保护动作频繁,熔丝熔断。这是电容器内部故障,应进行电气绝缘检测,或者有可能因电容器规格选择不当造成三相失衡,故应进行更换调整。

（7）异常响声，运行中有"滋滋"或"咕咕"声时一般为内部有放电或绝缘击穿，应立即停电进行检修更换。

（8）绝缘子表面闪络，这是污秽严重所致，应进行清扫。

9. 电力电缆本体检修时应注意什么？

答：（1）检修前对电缆进行验电、放电后挂接地线，防止人员触电。

（2）仔细核对电缆的铭牌和线路名称，确认无误后方能施工。

（3）禁止将电缆盘从高处推落，防止砸伤人员或电缆。

（4）在电缆工井、竖井内作业时，应事先做好有毒有害及易燃气体测试，并做好通风，防止发生人员中毒。

（5）动火应严格执行相关安全规定，防止火灾。

（6）登高作业时应按规定使用安全带，防止人员坠落。

10. 电缆敷设后进行接地网作业时应注意什么？

答：（1）挖沟时不能伤及电缆。

（2）电焊时地线与相线要放到最近处，以免烧伤电缆。

11. 硬母线常见故障有哪些？

答：（1）接头因接触不良，电阻增大，造成发热严重使接头烧红。

（2）支持绝缘子绝缘不良，使母线对地的绝缘电阻降低。

（3）当大的故障电流通过母线时，在电动力和弧光作用下，使母线发生弯曲、折断或烧伤。

12. 母线相序排列的一般规定有哪些？

答：（1）上、下布置。交流母线，由上到下排列为 A、B、C 三相；直流母线，正极在上，负极在下。

（2）水平布置。交流母线，由盘后向盘面排列为 A、B、C 三相；直流母线正极在后，负极在前。

（3）引下线。交流母线，沿负荷电流方向，由左到右排列为 A、

B、C 三相；直流母线正极在左，负极在右。

13. 硬母线哪些地方不准涂漆？

答：（1）母线各部连接处及距离连接处 10cm 以内的地方。

（2）间隔内硬母线要留 50～70mm 用于停电挂接临时地线用。

（3）涂有温度漆（测量母线发热程度）的地方。

14. 硬母线作业时应注意哪些事项？

答：（1）在 5 级及以上的大风以及暴雨、雷电、冰雹、大雾、沙尘暴等恶劣天气下，应停止露天高处作业。

（2）在强电场下工作，工作人员应加装临时接地线或使用保安地线。

（3）相邻带电架构、爬梯设置警示标识。

15. 绝缘子串、导线及避雷线上各种金具的螺栓的穿入方向有什么规定？

答：（1）垂直方向者一律由上向下穿。

（2）水平方向者顺线路的受电侧穿；横线路的两边线由线路外侧向内穿，中相线由左向右穿（面向受电侧），对于分裂导线，一律由线束外侧向线束内侧穿。

（3）开口销，闭口销，垂直方向者向下穿。

16. 为什么用螺栓连接平放母线时，螺栓由下向上穿？

答：连接平放母线时螺栓由下向上穿，主要是为了便于检查。因为由下向上穿时，当母线和螺栓因膨胀系数不一样或短路时，在电动力的作用下会造成母线间有空气间隙等，使螺栓向下松动或脱落，检查时能及时发现，不至于扩大事故。同时，这种安装方法美观整齐。

17. 硬母线怎样进行调直？

答：（1）放在平台上调直，平台可用槽钢、钢轨等平整材料制成。

（2）应将母线的平面和侧面都校直，可用木锤敲击调直。

（3）不得使用铁锤等硬度大于铝带的工具。

18. 软母线更换时应注意哪些事项？

答：（1）架空线工作点下方不得站人，高空作业时应使用工具袋，严禁高空落物。

（2）在 5 级及以上的大风以及暴雨、雷电、冰雹、大雾、沙尘暴等恶劣天气下，应停止露天高处作业。

（3）利用卷扬机辅助挂架空线，应注意滑脱，钢丝绳扣接导线环时要牢固。

（4）使用电动工器具及压接工具参照该工具的安全使用注意事项执行。

（5）悬式绝缘子挂架时，钢丝绳走绳区域和拉线下方区域拉警戒线，设专人监护。

（6）高空作业人员应系绑腿式安全带，穿防滑鞋，垂直保护应使用自锁式安全带或速差自控式安全带。

19. 绝缘子发生闪络放电现象的原因是什么？应如何处理？

答：原因是：

（1）绝缘子表面和瓷裙内落有污秽，受潮以后耐压强度降低，绝缘子表面形成放电回路，使泄漏电流增大，当达到一定值时，造成表面击穿放电。

（2）绝缘子表面落有污秽虽然很小，但由于电力系统中发生某种过电压，在过电压的作用下使绝缘子表面闪络放电。

处理方法是：绝缘子发生闪络放电后，绝缘子表面绝缘性能下降很大，应立即更换，并对未闪络放电绝缘子进行防污处理。

20. 悬式绝缘子更换时应注意哪些安全事项？

答：（1）在 5 级及以上的大风以及暴雨、雷电、冰雹、大雾、沙尘暴等恶劣天气下，应停止露天高处作业。

（2）高空作业人员应系绑腿式安全带，穿防滑鞋，垂直保护应使用自锁式安全带或速差自控式安全带。

（3）验电、挂接地线时必须戴绝缘手套。

（4）悬式绝缘子挂架时，钢丝绳走绳区域和拉线下方区域拉警戒线，设专人监护。

（5）悬式绝缘子工作点下方不得站人，高空作业时应使用工具袋，严禁高空落物。

（6）运送、安装时严控与带电设备的安全距离，在强电场下工作，工作人员应加装临时接地线或使用保安地线。

（7）工作中，工作人员严禁踩踏有机复合绝缘子上、下导线。

21. 支柱绝缘子更换时应注意哪些安全事项？

答：（1）在5级及以上的大风以及暴雨、雷电、冰雹、大雾、沙尘暴等恶劣天气下，应停止露天高处作业。

（2）运送、安装时严控与带电设备的安全距离，在强电场下工作，工作人员应加装临时接地线或使用保安地线。

（3）选用合适的吊装设备和正确的吊点，设置揽风绳控制方向，并设专人指挥。

22. 接地装置的常见异常及处理方法有哪些？

答：（1）接地体的接地电阻增大，一般是因为接地体严重锈蚀或接地体与接地干线接触不良引起的，应更换接地体或紧固连接处的螺栓或重新焊接。

（2）接地线局部电阻增大，因为连接点或跨接过渡线轻度松散，连接点的接触面存在氧化层或污垢，引起电阻增大，应重新紧固螺栓或清理氧化层和污垢后再拧紧。

（3）接地体露出地面，应将接地体深埋，并填土覆盖、夯实。

（4）遗漏接地或接错位置，在检修后重新安装时，应补接好或改正接线错误。

（5）接地线有机械损伤、断股或化学腐蚀现象，应更换截面积较大的镀锌或镀锡接地线，或在土壤中加入中和剂。

（6）连接点松散或脱落，发现后应及时紧固或重新连接。

23. 接地装置竣工交接验收的检验内容有哪些?

答： 新安装的接地装置，必须经过检验才能正式投入运行。在检验时，施工单位必须提供下列技术文件：

（1）接地装置施工图与接线图。

（2）接地装置地下隐蔽部分的安装记录。

（3）接地装置的测量记录。

检验时，首先对接地装置的外露部分进行外观检查。此外，还必须进行接地装置的接地电阻测量和重点抽查触头及接头的电阻。测量接地电阻时，可不必断开自然接地体和人工接地体，但必须考虑土壤在干燥或冰冻期的增高系数。

任何接地装置的接地电阻，若在 0.5Ω 以下时，均可认为是合乎标准的。由接地干线到接地的电气设备间的接点电阻值，应不大于 0.05Ω。

第四章 电 气 试 验

第一节 现场安全措施准备

1. 一个电气连接部分同时有检修和试验时，应如何使用工作票？

答：（1）电气试验和检修同时工作时可填用一张工作票，但在试验前应得到检修工作负责人的许可。

（2）在一个电气连接部分，许可高压试验工作票前，应先将已许可的检修工作票收回，禁止再许可第二张工作票。如果试验过程中，需要检修配合，应将检修人员填写在高压试验工作票中。

2. 电气试验前应做哪些工作？

答：（1）试验工作负责人在试验作业前，应对全体参加试验工作的班组人员详细交待试验中的安全措施，大型复杂的试验必须编制试验方案。

（2）核对电气设备及线路的名称、编号。

（3）做好与运行、检修、安装人员的联系工作，达成一致性的作业方案且互不影响。

（4）检查被试设备与其他电气设备的距离和接地情况。

（5）检查被试设备是否符合或处于试验状态。

（6）检查安全用具是否齐全完备，是否处于完好合格状态，各类仪表是否准确可靠。

（7）检查试验装置是否处于完好合格状态，有无不妥之处，外壳接地及总接地线是否可靠良好，正式试验前的空操作是否正常等。

（8）派专人监护现场并设置临时围栏。

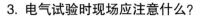

3. 电气试验时现场应注意什么?

答:(1)试验现场应装设封闭式围栏,围栏与试验设备高压部分应有足够的安全距离,向外悬挂"止步,高压危险!"的标示牌,并派人看守。非试验人员不得靠近。严禁越过围栏。

(2)加压过程中应集中精力,不得触及试验的高压引线。

(3)试验时不得进行其他检修、维护等工作。

(4)被试设备两端不在同一地点时,另一端还应派人看守。

例:某变电站由高压试验班进行 35kV 的 312 断路器介质损耗试验。由于被试设备 312 断路器未装设全封闭围栏,一名试验人员从断路器上下来后,再上断路器时,未看清被试设备铭牌,误登上临近运行中的 311 断路器,导致触电死亡。

4. 电气试验时,对试验装置接地、高压引线及电源开关有何要求?

答:(1)试验装置的金属外壳应可靠接地;高压引线应尽量缩短,并采用专用的高压试验线,必要时用绝缘物支持牢固。

(2)试验装置的电源开关,应使用有明显断开点的双极隔离开关。为了防止误合隔离开关,可在刀刃上加绝缘罩。

(3)试验装置的低压回路中应有两个串联电源开关,并加装过载自动跳闸装置。

5. 试验电源接取应注意哪些事项?

答:(1)试验过程中接取的试验电源应使用规范的检修电源,不得从运行设备直接接取电源。

(2)接取时,应两人进行,先测量电压是否正确,然后断开电源开关并确认无电压后接取。

(3)使用电缆线盘时,接线后还应测量线盘插座电压并检查漏电保护器是否动作正常。

6. 对未装地线的大电容被试设备进行放电接地时有哪些注意事项？

答：（1）未装地线的大电容被试设备，应先行放电再做试验。高压直流试验时，每告一段落或试验结束时，应将设备对地多次放电并短路接地。

（2）放电时应使用合格规范的放电棒，不得由工作人员手持接地线直接触碰。放电棒接地线必须与接地导体接触良好，连接可靠。

（3）放电时先通过放电电阻放电，再将被试设备直接接地。

（4）与被试设备断开距离较小的设备部分也应进行放电。

例：某电厂高压试验室技术员进行 6kV 电缆的直流 30kV、时间 5min 的耐压试验工作。当电缆试验完毕，断开试验电源后，未对其进行放电，试验人员手触在残压为 25kV 的电缆头上，以致发生触电事故。

7. 电气试验断开设备接头时应注意什么？

答：（1）电气试验断开设备接头时，拆前应做好标记，接后应进行检查。

（2）拆、接一次设备接头，一般由检修人员完成，并对接线的完好性、正确性负责；如需拆、接二次回路接头，应由相关的二次回路专责班组人员配合完成，并对接线的正确性负责。

（3）由于电气试验而拆开的一次设备引线，必须用结实的绳子绑牢，防止引线摇晃触及邻近带电设备或被试设备而造成触电。

8. 电气试验接线时应注意哪些？

答：（1）电气试验前，应首先检查被试设备外观无破损、无渗漏，在检查过程中应做到眼到手到，必要时应进行清扫。详细记录被试设备铭牌数据及环境温度和湿度。

（2）电气试验接线应在工作负责人监护下进行。试验仪器接线时，应先将仪器接地，再接测试线。接地时，先接接地端，再接仪器端，接触良好可靠。

（3）接线时如需使用梯子等登高用具，必须严格遵守《安规》

规定，并做好监护。

（4）电气试验接线应严格执行接线复查制度。接线复查制度可以提前纠正错误接线，避免事故或异常现象发生。接线人员接线完成后，汇报工作负责人进行接线复查。工作负责人应仔细检查接线是否正确，布线是否合理，接头是否牢固。

9. 电气试验人员在对设备加压时应注意什么？

答：（1）加压前应认真检查试验接线，使用规范的短路线，表计倍率、量程、调压器零位及仪表的开始状态均正确无误，经确认后，通知所有人员离开被试设备，并取得试验负责人的许可，方可加压。

（2）加压过程中应有人监护并呼唱。

（3）电气试验工作人员在全部加压过程中，应精力集中，随时警戒异常现象发生，操作人应站在绝缘垫上。

10. 变更接线或试验结束时，应做哪些工作？

答：（1）变更接线或试验结束时，应首先把调压器调至零位，断开试验电源、放电，并将升压设备的高压部分放电、短路接地。

（2）全部试验结束后，试验人员应拆除自装的接地短路线，并对被试设备进行检查，恢复试验前的状态，经试验负责人复查后，进行现场清理。试验人员在放、收试验线时，应特别小心，防止试验线弹到或接近带电设备，发生人身触电。

例：某供电公司试验班组在某变电站做开关的交流耐压试验时，发现试验数据有问题，在查找原因过程中，未将升压器调至零位且未切断试验电源。当发现是升压器极性接反的错误后，在准备改变极性时，试验人员触及加压至 50kV 的带电部分，烧伤双手。

第二节　一次设备停电的电气试验作业

1. 使用携带型仪器测量时的注意事项有哪些？

答：（1）使用携带型仪器在高压回路上进行工作，至少应由两人进行。

（2）除使用特殊仪器外，所有使用携带型仪器的测量工作，均应在电流互感器和电压互感器的二次侧进行。

（3）电流表、电流互感器及其他测量仪表的接线和拆卸，需要断开高压回路者，应将此回路所连接的设备和仪器全部停电后，始能进行。

（4）电压表、携带型电压互感器和其他高压测量仪器的接线和拆卸无需断开高压回路者，可以带电工作，但应使用耐高压的绝缘导线，导线长度应尽可能缩短，不准有接头，并应连接牢固，以防接地和短路。必要时用绝缘物加以固定。使用电压互感器进行工作时，应先将低压侧所有接线接好，然后用绝缘工具将电压互感器接到高压侧。工作时应戴手套和护目眼镜，站在绝缘垫上，并应有专人监护。

（5）连接电流回路的导线截面，应适合所测电流数值。连接电压回路的导线截面不得小于 $1.5mm^2$。

（6）非金属外壳的仪器，应与地绝缘，金属外壳的仪器和变压器外壳应接地。

（7）测量用装置必要时应设遮栏或围栏，并悬挂相应的标示牌。仪器的布置应使作业人员距带电部位保持足够的安全距离。

2. 使用绝缘电阻表时的注意事项有哪些？

答：（1）使用绝缘电阻表测量高压设备绝缘，应由两人进行。

（2）测量用的导线，应使用相应的绝缘导线，其端部应有绝缘套。

（3）测量绝缘时，应将被测设备从各方面断开，验明无电压，确实证明设备无人工作后，方可进行。在测量中禁止他人接近被测设备。在测量绝缘前后，应将被测设备对地放电。测量线路绝缘时，应取得许可并通知对侧后方可进行。

（4）在有感应电压的线路上测量绝缘时，应将相关线路同时停电，方可进行。雷电时，禁止测量线路绝缘。

（5）在带电设备附近测量绝缘电阻时，测量人员和绝缘电阻表安放位置应选择适当，并保持足够安全距离，以免绝缘电阻表引线或引线支持物触碰带电部分。移动引线时，应注意监护，防止作业人员触电。

3. 在高压回路上使用钳形电流表测量时的注意事项有哪些？

答：（1）运维人员在高压回路上使用钳形电流表的测量工作，应由两人进行，非运维人员测量时，应填用变电站（发电厂）第二种工作票。

（2）在高压回路上测量时，严禁用导线从钳形电流表另接表计测量。

（3）测量时若需拆除遮栏，应在拆除遮栏后立即进行。工作结束，应立即将遮栏恢复原状。

（4）使用钳形电流表时，应注意钳形电流表的电压等级。测量时戴绝缘手套站在绝缘垫上，不得触及其他设备，以防短路或接地。观测表计时，要特别注意保持头部与带电部分的安全距离。

（5）测量低压熔断器（保险）和水平排列低压母线电流时，测量前应将各相熔断器（保险）和母线用绝缘材料加以保护隔离，以免引起相间短路。同时应注意不得触及其他带电部分。

（6）在测量高压电缆各相电流时，电缆头线间距离应在 300mm以上，且绝缘良好，测量方便者，方可进行。当有一相接地时，严禁测量。

（7）钳形电流表应保存在干燥的室内，使用前要擦拭干净。

4. 进行变压器绕组变形试验时的注意事项有哪些？

答：（1）试验前测试仪器应可靠接地。

（2）试验前应对被试变压器进行放电，以防静电或感应电损坏仪器。

（3）试验电缆放好后，先将电缆短接，检验仪器及电缆是否完好，检验曲线应近似一条 0dB 直线（末端允许有±1dB）。

（4）记录被试变压器铭牌以及分接位置，并应尽量在最大分接位置试验，同时注明试验是在末屏或变压器外部直接接线。

（5）应注意电缆与仪器及被试变压器接触良好。

5. 使用变压器直流电阻测试仪器时的注意事项有哪些？

答：为了防止测试过程中错误断开电流回路，避免绕组产生感应电势对人员和仪器造成危害，使用时应注意：

（1）测量结束应充分放电后才能断开接线。

（2）测试过程中必须避免电流回路断路和交流电源断电。

（3）测试过程或测试结束后充分放电前，不允许无载调压绕组切换分接位置。

6. SF₆断路器交流耐压试验时的注意事项有哪些？

答：（1）被试 SF₆ 断路器应在其他常规试验完成并试验合格后进行交流耐压试验。

（2）SF₆气体压力应为额定气压。

（3）变更接线或试验结束时，应首先将加压设备的调压器回零，然后断开电源侧隔离开关，并在被试设备和加压设备的输出端放电接地。

7. 做 GIS 交流耐压试验时应特别注意哪些方面？

答：（1）规定的试验电压应施加在每一相导体和金属外壳之间，每次只能一相加压，其他相导体和接地金属外壳相连接。

（2）当试验电源容量有限时，可将 GIS 用其内部的断路器或隔离开关分断成几个部分分别进行试验，同时不试验的部分应接地，并保证断路器断口、断口电容器或隔离开关断口上承受电压不超过允许值。

（3）GIS 内部的避雷器在进行耐压试验时应与被试回路断开，GIS 内部的电压互感器、电流互感器的耐压试验应参照相应试验标准执行。

8. 变压器、电抗器和消弧线圈试验时的注意事项有哪些？

答：（1）绝缘电阻试验前后应充分放电，防止伤人。

（2）直流电阻测量应记录环境温度、湿度及变压器上层油温，在测量后对被测绕组充分放电。

（3）介质损耗测量应选择正确接线方式，试验人员与高压线保持足够的安全距离。

（4）直流泄漏及耐压试验采用负高压接线方式，在试验后对被测绕组充分放电。

（5）交流耐压试验应在其他试验完成并试验合格的情况下进行。

9. 氧化锌避雷器试验时的注意事项有哪些？

答：（1）绝缘电阻测量前后对被试设备充分放电。

（2）直流泄漏电流测量后对被试设备充分放电。

（3）变更试验接线应断开电源。

（4）接线时应注意与带电设备保持足够安全距离。

（5）试验过程中被试设备上不应有其他工作。

（6）试验设备周围设围栏并有专人监护，试验过程应有人监护并呼唱。

10. 电力电缆绝缘试验时的注意事项有哪些？

答：（1）做电力电缆绝缘试验要拆除变电站装设的临时接地线，拆除接地线应征得工作许可人的许可（根据调控人员指令装设的接地线，应征得调控人员的许可），方可进行。工作完毕后立即恢复。

（2）绝缘电阻测试前后充分放电。

（3）接线时注意与带电设备保持足够的安全距离。

（4）在进行交流耐压试验时，必须在试验设备周围设围栏并有专人监护，负责升压的人要随时注意周围的情况，一旦发现异常应立刻断开电源停止试验，查明原因并排除后方可继续试验。

（5）电缆试验结束，应对被试电缆进行充分放电，并在被试电缆上加装临时接地线，待电缆尾线接通后才可拆除。

（6）电缆的试验过程中，作业人员应戴好绝缘手套。

11. SF₆电流互感器交流耐压试验时的注意事项有哪些?

答:（1）试验应在其他常规试验完成并试验合格后进行。

（2）电流互感器 SF₆气体压力为额定压力，并静置 24h 以上。

（3）被试电流互感器二次线圈应短接接地。

（4）试验应在额定试验电压 1/3 以下进行调整试验频率。

（5）在老练试验发生放电现象时，应将电压降至零，停留一段时间再进行试验。

（6）变更试验接线时应断开电源，悬挂临时接地线。

（7）试验结束将临时接地线拆除。

12. 变压器空载试验为什么最好在额定电压下进行?

答: 变压器空载试验的目的是测量空载损耗，空载损耗主要是铁耗。在额定电压时，铁耗的大小可以认为与负载的大小无关，即空载时的损耗等于负载时的铁损耗。如果电压偏离额定值，由于变压器铁芯中的磁感应强度处在磁化曲线的饱和段，空载损耗和空载电流都会急剧变化，因此空载试验应在额定电压下进行。

13. 电流互感器二次侧开路为什么会产生高电压?

答:（1）电流互感器是一种仪用变压器。从结构上看，它与变压器一样，有一、二次绕组，有专门的磁通路；从原理上讲，它完全依据电磁转换原理，一、二次电势遵循与匝数成正比的数量关系。

（2）通常电流互感器是将处于高电位的大电流变成低电位的小电流。如果二次开路，一次侧被强制通过系统电流，二次侧就会感应出几倍甚至几千倍于一次绕组两端的电压，这个电压可能高达几千伏以上，进而对工作人员和设备的绝缘造成伤害。

14. 气体绝缘金属封闭开关设备进行现场调试时的注意事项有哪些?

答:（1）真空状态或抽真空过程中不能用绝缘电阻表、万用表等进行测量作业。

（2）测定真空度时，必须按要求操作有关阀门，若使用麦氏真空计，须将其缓慢旋转，以免操作不当使水银吸入 GIS 气室内。

（3）在没有充入 SF$_6$ 气体之前，断路器不能进行分、合操作，但可以用专用操作工具进行手动慢分慢合操作。

（4）现场断路器首次操作前，处于合闸位置，必须将防分保合保险销拔出。

（5）对于电流互感器，在 GIS 各项试验中，只要一次绕组有电流通过，二次回路绝不能开路。

（6）主回路工频耐压试验时 GIS 外壳必须可靠接地，且电压互感器及电流互感器不能接入主回路；若进行不高于 1.1 倍对地电压下的老练试验，则电压互感器的二次回路必须开路。

15. 橡塑电力电缆线路耐压试验过程中应注意什么？

答：（1）电缆试验在更换试验引线时，应先对设备充分放电，作业人员应戴好绝缘手套。

（2）电缆耐压试验分相进行时，另两相电缆应接地。

（3）电缆试验结束，应对被试电缆进行充分放电，并在被试电缆上加装临时接地线，待电缆尾线接通后才可拆除。

16. 阻抗电压不等的变压器并联运行时会出现什么情况？

答：变压器的阻抗电压，是短路阻抗 $Z_{R75℃}$ 与一次额定电流 I_{1N} 的乘积。变压器带负载以后，在一次电压 U_1 和二次负载的功率因数 $\cos\varphi_2$ 不变情况下，二次电压 U_2 必然随负载电流 I_2 的增大而下降。因变压器 I 的阻抗电压大，其外特性向下倾斜较大；变压器 II 阻抗电压较小，其外特性曲线较平。当两台阻抗电压不等的变压器并联运行时，在共同的二次电压 U_2 之下，两台变压器的二次负载电流 I_{I2} 及 I_{II2} 就不相等。阻抗电压小的变压器分担的电流大，阻抗电压大的变压器分担的电流小。若让阻抗电压大的变压器满载，阻抗电压小的变压器就要过载；若让阻抗电压小的变压器满载，阻抗电压大的变压器就欠载，便不能获得充分利用。

17. 测量接地阻抗时应注意什么？

答（1）测量时，被测的接地装置应与避雷线断开。

（2）电流极、电压极应布置在与线路或地下金属管道垂直的方向上。

（3）应避免在雨后立即测量接地阻抗。

（4）采用交流电流表、电压表法时，电极的布置宜用三角形布置法，电压表应使用高内阻电压表。

（5）被测接地体 E、电压极 P 及电流极 C 之间的距离应符合测量方法的要求。

（6）所用连接线截面电压回路不小于 1.5mm²，电流回路应适合所测电流数值；与被测接地体 E 相连的导线电阻不应大于 R_x 的 2%～3%，试验引线应与接地体绝缘。

（7）仪器的电压极引线与电流极引线间应保持 1m 以上距离，以免使自身发生干扰。

（8）应反复测量 3～4 次，取其平均值。

（9）使用地阻表时发现干扰，可改变地阻表转动速度。

（10）测量中当仪表的灵敏度过高时，可将电极的位置提高，使其插入土中浅些。当仪表灵敏度不够时，可给电压极和电流极插入点注入水而使其湿润，以降低辅助接地棒的电阻。

第三节　一次设备不停电的电气试验作业

1. 为什么电力设备绝缘带电测试要比停电试验更能提高检测的有效性？

答：（1）停电预防性试验通常仅进行非破坏性试验，其试验电压一般小于 10kV。而带电测试则是在运行电压下，采用专用仪器测试电力设备的绝缘参数，试验电压通常远高于 10kV（如 110kV 系统为 64～73kV，220kV 系统为 127～146kV），能真实地反映电力设备在运行条件下的绝缘状况，更有利于检测出内部绝缘缺陷。

（2）带电测试不受停电时间限制，可实现微机监控的自动检测，在相同温度和相似运行状态下进行测试，其测试结果便于相互比较，并且可以测得较多的带电测试数据，从而对设备绝缘可靠地进行统计分析。

2. SF₆气体中混有水分有何危害？

答：SF₆气体中混有水分，造成的危害有以下两个方面：

（1）水分引起化学腐蚀，干燥的 SF₆气体是非常稳定的，在温度低于 500℃时一般不会自行分解，但是在水分较多时，200℃以上就可能产生水解：$2SF_6+6H_2O \rightarrow 2SO_2+12HF+O_2$，生成物中的 HF 具有很强的腐蚀性，是对生物肌体有强烈腐蚀的剧毒物，SO_2 遇水生成硫酸，也有腐蚀性。更重要的是在电弧作用下，SF_6 分解的最后生成物中有 SOF_2、SO_2F_4、SOF_4、SF_4 和 HF，都是有毒气体。

（2）水分对绝缘的危害。水分的凝结对沿面绝缘是有害的，通常气体中混杂的水分以水蒸气形式存在，在温度降低时可能凝结成露水附着在零件表面，在绝缘件表面可能产生沿面放电（闪络）而引起事故。

3. 为什么要对运行中避雷器进行带电监测？

答：当工频电压作用于避雷器时，避雷器相当于有损耗的电容器，其中容性电流仅影响电压分布，并不影响发热，而阻性电流会造成金属氧化物电阻片发热。良好的避雷器在运行中长期承受工频运行电压，通过的持续电流远小于工频参考电流，其热效应不致引起避雷器性能的改变。而在避雷器内部出现异常时，主要是阀片严重劣化和内壁受潮等阻性分量将明显增大，可能导致热稳定破坏，从而造成避雷器损坏。持续电流阻性分量的增大具有过程性，因此可对运行中的避雷器进行持续电流阻性分量的定期监测。

4. 为什么 SF₆断路器中 SF₆气体的额定压力不能过高？

答：提高气体压力是提高 SF₆断路器耐电强度的有效方法。但随着 SF₆气体压力的增高，对 SF₆断路器密封性要求提高；同时其液化温度会升高，对寒冷地区 SF₆气体充装设备的性能要求提高，因此设备中充装 SF₆气体要控制在一定压力范围内。

5. 高压电气设备中 SF₆ 气体水分的主要来源是什么？

答：（1）SF_6 新气中含有的水分。

（2）SF_6 电气设备生产装配中混入的水分。

（3）SF_6 电气设备中的固体绝缘材料带有的水分。

（4）SF_6 电气设备中的吸附剂含有的水分。

（5）大气中的水汽通过 SF_6 电气设备密封薄弱环节渗透到设备内部。

6. 对不同电压等级系统中的 SF₆ 电气设备，在什么情况下需要进行 SF₆ 诊断性检测？

答：（1）发生短路故障、断路器跳闸时。

（2）设备遭受严重过电压冲击时，如雷击等。

（3）设备有异常声响、强烈电磁振动响声时。

7. 变电设备红外测温过程中的注意事项有哪些？

答：（1）在良好的天气下进行，如遇雷、雨、雪、雾不得进行该项工作，风力大于 5 级时，不宜进行该项工作。

（2）红外测温时需要两人进行，一人操作一人监护，监护人在检测期间应始终行使监护职责，不得擅离岗位或兼任其他工作。检测时应与设备带电部位保持足够的安全距离。

（3）测试过程中禁止攀爬，防止误碰误动设备。

（4）行走中注意脚下，防止踩踏设备管道。夜间测试时，监护人要考虑测试人员的行走安全。

8. 开关柜暂态地电压检测过程中的安全注意事项有哪些？

答：（1）暂态地电压局部放电带电检测工作不得少于两人。工作负责人应由有检测经验的人员担任，开始检测前，工作负责人应向全体工作人员详细布置检测工作的安全注意事项。

（2）雷雨天气禁止进行检测工作。

（3）检测时检测人员和检测仪器应与设备带电部位保持足够的安全距离。

（4）检测人员应避开设备泄压通道。

（5）在进行检测时，要防止误碰误动设备。

（6）在使用传感器进行检测时，如果有明显的感应电压，宜戴绝缘手套，避免手部直接接触传感器金属部件。

（7）检测现场出现异常情况，应立即停止检测工作并撤离现场。

（8）检测之前退出自动电压控制（AVC）系统。

9. GIS 设备局部放电带电测试的安全注意事项有哪些？

答：（1）应严格执行发电厂、变（配）电巡视的要求。

（2）检测至少由两人进行，并严格执行保证安全的组织措施和技术措施。

（3）应有专人监护，监护人在检测期间应始终行使监护职责，不得擅离岗位或兼职其他工作。

（4）检测人员应避开设备压力释放口或防爆口。

（5）在进行检测时，要防止误碰、误动设备。

（6）在进行检测时，要保证人员、仪器与设备带电部位保持足够的安全距离。

（7）防止传感器坠落而误碰设备。

（8）保证检测仪器接地良好，避免人员触电。

（9）在使用传感器进行检测时，如果有明显的感应电压，应戴绝缘手套，避免手部直接接触传感器金属部件。

（10）检测现场出现异常情况时，应立即停止检测工作并撤离现场。

10. 哪些情况下不宜进行 SF_6 气体微水测试？

答：（1）不宜在充气后立即进行，应经 24h 后进行。

（2）不宜在温度低的情况下进行。

（3）不宜在雨天或雨后进行。

（4）不宜在早晨化露前进行。

11. SF₆气体湿度检测过程中的安全注意事项有哪些?

答:(1)应在良好的天气下进行,如遇雷、雨、雪、雾不得进行该项工作,风力大于 5 级时,不宜在室外进行该项工作。

(2)检测工作不得少于两人。工作负责人应由有经验的人员担任,开始试验前,工作负责人应向全体工作班人员详细布置检测中的安全注意事项,交待带电部位,以及其他安全注意事项。

(3)应与设备带电部位保持足够的安全距离。

(4)要防止误碰误动设备,避免踩踏气体管道及其他二次线缆。

(5)应认真检查气体管路、检测仪器与设备的连接,防止气体泄漏,必要时工作班人员应佩戴安全防护用具。

(6)应严格遵守操作规程,工作班人员和检测仪器应避开设备取气阀门开口方向,防止取气造成设备内气体大量泄漏及发生其他意外。

(7)应严格遵守操作规程,防止气体压力突变造成气体管路和检测仪器损坏。

(8)当气体绝缘设备发生故障引起大量 SF₆气体外溢时,工作班人员应立即撤离事故现场并汇报相关人员。

(9)设备安装在室内应有良好的通风系统,应保证在 15min 内换气一次。

(10)设备内 SF₆气体不准向大气排放,应采取回收措施,回收时作业人员应站在上风侧。

(11)检测结束时,检测人员应拆除自装的管路及接线,并对被试设备进行检查,恢复试验前的状态,经工作负责人复查后,进行现场清理。

12. 电容型设备介质损耗因数及电容量带电测试的注意事项有哪些?

答:(1)测试时应有专人监护,监护人在检测期间应始终行使监护职责,不得擅离岗位或兼职其他工作。

(2)防止设备末屏开路。取样单元引线连接牢固,符合通流能力要求;试验前应检查电流测试引线导通情况;测试结束保证末屏可靠接地。

（3）从电压互感器获取二次电压信号时应防止短路。

13. 为什么要对变压器油进行色谱分析?

答：气相色谱分析是一种物理分离分析法。对变压器油的分析就是从运行的变压器或其他充油设备中取出油样，用脱气装置脱出溶于油中的气体，由气相色谱仪分析从油中脱出气体的组成成分和含量，借此判断变压器内部有无故障及故障性质。

14. 取变压器及注油设备的油样时应注意什么?

答：（1）取油样应在空气干燥的晴天进行。

（2）装油样的容器，应刷洗干净，并经干燥处理后方可使用。

（3）油样应从注油设备底部的放油阀来取，擦净油阀，放掉污油，待油干净后取油样，取完油样后尽快将容器封好，严禁杂物混入容器。

（4）取完油样后，应将油阀关好以防漏油。

第五章　站用交直流电源系统

1. 进行低压带电工作时，安全注意事项是什么？

答：（1）低压带电工作时，应采取遮蔽有电部分等防止相间或接地短路的有效措施；若无法采取遮蔽措施时，则将影响作业的有电设备停电。

（2）使用有绝缘柄的工具，其外裸的导电部位应采取绝缘措施，防止操作时相间或相对地短路。低压电气带电工作应戴手套、护目镜，并保持对地绝缘。禁止使用锉刀、金属尺和带有金属物的毛刷、毛掸等工具。

（3）作业前，应先分清相线、零线，选好工作位置。断开导线时，应先断开相线，后断开零线。搭接导线时，顺序应相反。人体不得同时接触两根线头。

2. 低压回路停电的安全措施是什么？

答：（1）将检修设备的各方面电源断开取下熔断器，在低压断路器或隔离开关操作把手上挂"禁止合闸，有人工作！"的标示牌。

（2）工作前应验电。

（3）根据需要采取其他安全措施。

3. 直流系统在电力系统中的作用及其重要性是什么？

答：发电厂、变电站的直流系统在正常情况下为断路器跳/合闸、继电保护及自动装置、通信等提供可靠的直流电源。在站用电中断的情况下，发挥其"独立电源"的作用，即为继电保护及自动装置、断路器跳/合闸、通信、事故照明等提供直流电源。直流系统可靠与否对发电厂和变电站的安全运行起着至关重要的作用，是安全运行的保证。

变电站直流系统必须24h不间断运行，一般没有机会安排停电检修，因此直流系统一旦发生故障，必须在带电状态下进行消缺，其安全风险非常大。如果电力系统同时发生故障，可能会由于保护装置、断路器因失去直流电源而不能及时隔离故障，造成事故扩大，进而危及电力系统安全。因此，直流设备检修必须防患于未然，确保直流系统的可靠性，保证电力系统的安全、稳定运行。

4. 哪些情况应填用二次工作安全措施票？

答：以下情况应填用二次工作安全措施票：

（1）在运行设备的二次回路上进行拆、接线工作。

（2）在对检修设备执行隔离措施时，需拆断、短接和恢复同运行设备有联系的二次回路工作。

5. 二次工作安全措施票的执行有何规定？

答：（1）二次工作安全措施票的工作内容及安全措施内容由工作负责人填写，由技术人员或班长审核并签发。

（2）监护人由技术水平较高及有经验的人担任，执行人、恢复人由工作班成员担任，按二次工作安全措施票的顺序进行。

（3）上述工作至少由两人进行。

6. 进入蓄电池室进行工作时，有哪些注意事项？

答：（1）进入蓄电池室进行工作前，需打开排风扇通风 30min 再进入。

（2）蓄电池室工作时着装规范，禁止接打手机，严禁烟火。

（3）若发生火灾时，应立即停止充电，并使用"1211"或二氧化碳灭火器，不得使用水或泡沫灭火器。

（4）蓄电池充电期间，要开启排风扇，在充电时间内要检查排风扇运行情况是否正常，在充电结束后，排风扇应继续运行 1~1.5h。

7. 蓄电池定期充放电的意义是什么？

答：蓄电池定期充放电也叫核对性放电，以全浮充方式运行的蓄电池应每三个月进行一次核对性放电，以核对其容量，并使极板有效物质得到均匀活化。对已运行两年以上的蓄电池可适当延长核对性放电周期。一方面检查电池容量和健康水平，做到发现问题及时检修；另一方面能够活化极板上的有效物质，保证蓄电池的正常运行。

8. 蓄电池室照明有何规定？

答：（1）蓄电池室照明应使用防爆灯，并至少有一个接在事故照明线上。

（2）开关、插座及熔断器应置于蓄电池室外；若空调安装在室内，其插座应使用防爆插座。

（3）照明线应用耐酸碱的绝缘导线。

9. 对蓄电池室的取暖设备和室温有何要求？

答： 蓄电池室的取暖设备应装在电池室外，经风道向室内送入热风。在室内只允许安装无接缝的或者焊接的并且无汽水门的暖气设备。蓄电池室内温度宜为 15~30℃，并保持良好的通风和照明。在没有取暖设备的地区，已经考虑了电池允许降低容量，则温度可以低于 10℃，但不能低于 0℃。

10. 蓄电池浮充电方式运行有哪些注意事项？

答：（1）以浮充电方式运行的蓄电池组，应配备稳流、稳压性能良好的直流浮充电电源装置。

（2）其浮充电压要符合规定，使浮充电流按规定持续在恒定的电流值对蓄电池进行充电。充电电压长期较低，容易造成极板上活性物质脱落卡在极板间造成短路。

（3）浮充电运行的蓄电池组，应定期对蓄电池进行均衡充电或核对性充放电。

11. 蓄电池浮充电的目的和方法是什么？

答： 充电后的蓄电池，由于电解液的电解质及极板中有杂质存在，会在极板上产生自放电。为使电池能在饱满的容量下处于备用状态，电池与充电机并联接于直流母线上，充电机除负担经常性的直流负荷外，还供给蓄电池适当的充电电流，以补充电池的自放电，这种运行方式叫浮充电。对运行维护来说，能否管理好浮充电是决定蓄电池寿命的关键问题，浮充电流过大，会使电池过充电，反之将造成欠充电，这对电池来说都是不利的。

12. 蓄电池均衡充电的意义是什么？

答：以浮充电方式运行的蓄电池是串联的，浮充电流对于每一个电池都是一样的，但每个电池放电不完全相同，所选的浮充电流对大多数电池来说是合适的，对于部分电池可能会偏大或偏小，偏大的稍有过充，还问题不大，但偏小的就会引起极板硫化，内阻增加，容量降低，而影响整组电池的出力，为使电池能在健康的水平下工作，运行一段时间后，一般应每月对电池进行一次均衡充电，以便将落后的电池拉起来。

13. 阀控密封式铅酸蓄电池在什么情况下应进行补充充电或均衡充电？

答：（1）安装结束后，投入运行前需要进行补充充电。

（2）事故放电后，需要在短时间内充足蓄电池容量。

（3）单格电池的浮充电压小于 2.20V，需要进行均衡充电。

14. 以浮充电运行的铅酸蓄电池组在做定期充放电时，有哪些注意事项？

答：（1）按规定每年做一次定期充放电。

（2）铅酸蓄电池的充放电应以 10h 放电率进行，严禁用小电流放电。

（3）按规定蓄电池放出的容量，应为额定容量的 50%～60%，终期电压达到 1.9V 或个别电池放电电压低于规定标准即应停止放电。

（4）充放电过程中，要注意保持合格的母线电压。

（5）蓄电池在进行定期充放电时处于非正常运行状态，对相关规程中应满足事故放电 1h 及两台断路器同时合闸的要求应不做考虑。

15. 如何进行铅酸蓄电池核对性充、放电？

答：核对性放电，采用 10h 的放电率进行放电，可放出蓄电池额定容量的 50%～60%。为了保证满足负荷的突然增加，当电压降至 1.9V 时应停止放电，并立即进行正常充电或者均衡充电。正常充电时，一般采用 10h 放电率的电流进行充电，当两极板产生气泡和电池电压上升至 2.4V 时，再将充电电流减半继续充电，直到充电完成。

16. 阀控铅酸蓄电池安全阀的作用是什么？

答：阀控铅酸蓄电池在正常浮充电状态下，处于密封状态，装设有能自动开启和关闭的安全阀。当内部压力超过规定开阀值时，安全阀自动开启；压力低于关阀值时又自动关闭。安全阀上有滤酸装置，不会排出酸雾等有害气体，也不会发生电解液泄漏，可防火花引起电池爆炸。

17. 交直流熔断器日常巡视检查的内容有哪些？

答：（1）负荷电流应与熔体的额定电流相适应。

（2）熔断信号指示器信号指示是否弹出。

（3）与熔断器相连的导线（导体）、连接点以及熔断器本身有无过热现象，连接点接触是否良好。

（4）熔断器外观有无变色、裂纹、脏污及放电现象。

（5）熔断器内部有无放电声。

18. 直流熔断指示器起什么作用？

答：熔断指示器是与熔体并联的康铜熔断丝，当熔体熔断后立即烧断，弹出红色的醒目标识，标识熔断信号。因此，很容易识别熔体是否熔断。

19. 直流系统为什么要装设绝缘监察装置？

答：发电厂和变电站的直流系统与继电保护、信号装置、自动装置以及屋内配电装置的端子箱、操作机构等连接，因此直流系统比较复杂，发生接地故障的机会较多，当发生一点接地时，无短路电流流过，熔断器不会熔断，因此可以继续运行。但当另一点接地时，可能引起信号回路、继电保护等不正确动作，为此，直流系统应设绝缘监察装置。

20. 变电站直流系统分成若干回路供电，各个回路不能混用，为什么？

答： 在直流系统中，各种负荷的重要程度不同，一般按用途分成几个独立的回路供电。直流控制及保护回路由控制母线供电，开关合闸由合闸母线供电，这样可以避免相互影响，便于维护和查找、处理故障。

21. 低压交直流回路能否共用一条电缆？

答： 不能。因为：

（1）共用同一条电缆将降低直流系统的绝缘水平。

（2）如果直流绝缘破坏，则直流混线会造成短路或继电保护误动等。

22. 更换熔断器熔体时，为保证安全应注意哪些事项？

答： 更换熔体时，要防止人身触电；更换熔体的参数应与原熔体参数一致；应有监护人并戴绝缘手套，使用熔断器专用手柄。

23. 直流母线电压监视装置有什么作用？母线电压过高或过低有何危害？

答： 直流母线电压监视装置的作用是监视直流母线电压在允许范围内运行。当母线电压过高时，对于长期充电的继电器线圈、指示灯等易造成过热烧毁；母线电压过低时则很难保证断路器、继电保护可靠动作。因此，一旦直流母线电压出现过高或过低的现象，电压监视装置将发出预告信号，运行人员应及时调整母线电压。

24. 蓄电池及其台架清扫有哪些安全注意事项？

答：（1）蓄电池室进行清扫工作由两人进行，其中一人除配合好工作外，同时认真负责进行监护。

（2）对蓄电池外壳及其台架进行清扫时，要仔细、小心，勿造成蓄电池本体及其附件的损伤。

25. 进行蓄电池巡视维护工作时，应注意并做好哪些工作？

答：（1）检查、测量蓄电池时，应戴好绝缘手套，使用有绝缘柄的工具。

（2）蓄电池室应有充足的照明，通风良好，检查室内环境温度，如不合乎要求，应采取措施。

（3）检查各连接点的接触是否良好，是否发热，有无氧化现象。

（4）检查连接板与蓄电池连接情况，有无松动和腐蚀现象，如有腐蚀，应清理腐蚀物，涂抹导电脂。

（5）检查蓄电池壳体有无渗漏和变形，极柱与安全阀周围是否有酸雾溢出，绝缘电阻是否下降，蓄电池温度是否过高等。

（6）测量单只蓄电池电压是否符合规定，是否需要采取补救措施。

26. 蓄电池组更换时有哪些注意事项？

答：（1）作业人员要相互关心、相互提醒，避免引起损坏设备或伤及人身。

（2）搬运电池时严禁野蛮搬运，必须听从工作负责人指挥并注意相互配合，切勿造成电池损坏或人员伤害。

（3）拆除连接头时应标明极性及相序，避免接线错误。

（4）蓄电池电缆应连接牢固，在拐弯处加装固定措施。

（5）蓄电池防震加固作业时要有防火措施和蓄电池室内通风措施；焊接工器具应进行严格检查；电焊机要有明显接地点。

（6）电池组在连接时应加强监护，认真核对正、负极性，连接后由第三人重新检查。

27. 寻找直流接地时应注意的事项有哪些？

答：（1）寻找直流接地时，应由两人进行。试拉、合继电保护电源、操作电源、自动装置及信号电源等重要的直流负荷时，事先应取得调度许可。

（2）对各分支线取下熔断器寻找接地点时，应先取下正极，后取下负极；送电时，先送上负极，后送上正极。

（3）试拉的直流负荷与其他部门有关时，应事先与对方联系。

（4）试拉各设备的直流电源时，应密切监视一次设备的运行情况及有关仪表指示的变化情况。

（5）无论回路有无接地，拉开停电时间一般不得超过 3s，如回路有接地，也应先合上，再设法处理。

（6）在电容补偿装置运行中，查找直流系统接地时，如需判断带有补偿电容的控制回路有无接地时，则必须将具有公共负极的补偿控制回路全部断开，而不能只断开一个回路，否则会由于电容器上的残余电压造成接地假象而误判断。

28. 直流系统发生正极接地和负极接地时对运行有何危害？

答： 直流系统发生正极接地时，有可能造成保护误动，因为电磁机构的跳闸线圈通常都接于负极电源，倘若这些回路再发生接地或绝缘不良就会引起保护误动作。直流系统负极接地时，如果回路中再有一点接地时，就可能使跳闸或合闸回路短路，造成保护装置和断路器拒动，烧毁继电器，或使熔断器熔断。

29. 直流系统保护电器级差配置的原则是什么？

答： 蓄电池出口回路保护电器的额定电流应按 1h 放电率电流选择，考虑可靠性应加大 1 级，同时要满足过负荷保护的配合和直流母线短路时蓄电池供给的短路电流能使保护电器可靠动作。蓄电池出口回路保护电器比馈线保护电器应大 2 级来满足选择性要求。

操作电器是指在直流系统中选用的隔离开关、转换开关、刀熔开关等，应按大于回路最大工作电流和工作电压选择额定电流和额定电压。

直流馈线自动空气断路器和熔断器的选择原则如下：

（1）额定电压大于或等于回路的工作电压。

（2）额定电流选择，分为如下情况：

1）对于直流电动机馈线，额定电流按 0.3～0.35 倍电动机启动电流来选择。

2）对于控制信号回流馈线，额定电流按 0.65～0.7 倍馈线回路最大工作电流来选择。

3）对于电磁型操动机构合闸线圈的馈线回路，额定电流按 0.2～0.3 倍的合闸线圈额定电流来选择。

根据上述计算结果，校验在合闸电流下自动空气断路器过负荷脱扣时间或熔件的熔断时间，是否大于断路器固有合闸时间，否则可加大 1 级选择。

30. 现场端子箱为何不应交直流混装？

答：由于交、直流电源端子中间没有隔离措施，如果交直流混装，极易造成检修、试验人员操作失误，导致交直流短接、交流电源混入直流系统，进而发生发电机组、升压站线路继电保护动作，造成全厂停电事故。因此交直流电源端子应在端子排的不同区域，有明显的区分标志，同时电源端子之间要有隔离。

31. 单只蓄电池更换的方法是什么？注意事项有哪些？

答：根据具体情况，用一只硅元件将 2 只或 3 只蓄电池连接起来，然后即可拆下故障蓄电池。

注意事项如下：

（1）所选择的硅元件和连接导线容量应满足该蓄电池组最大负荷和冲击负荷的需要。

（2）硅元件的极性不能接反，否则会造成蓄电池的短路而损坏蓄电池和影响整组蓄电池的健康运行。

（3）在直流系统故障情况下严禁更换。

（4）如遇大风、雷电、大雨恶劣天气，变电站特殊运行方式下禁止工作。

32. UPS 设备维护的安全事项有哪些?

答:(1)UPS 设备的维护必须遵循《安规》的有关部分进行,大型检修及安装工作应有安全措施、技术措施和组织措施。

(2)正常维护工作不能中断 UPS 设备的交直流电源,对由 UPS 设备供电的重要设备,如继电保护等,应有中断电源后可能造成装置误动的防范措施。

(3)设备检修工作,除了做好措施使 UPS 设备所供电源不中断外,还应做好防止交直流电源短路、直流接地及防止人身触电的安全措施。

(4)控制蓄电池均衡充电、浮充电的转换,可避免蓄电池的过充电或欠充电。

33. 直流电缆的选择原则是什么?

答:(1)直流系统电缆应采用阻燃电缆,应避免与交流电缆并排铺设。

(2)蓄电池组正极和负极引出电缆不应共用一根电缆,应选用单根多股铜芯电缆,分别铺设在各自独立的通道内,在穿越电缆竖井时,应加穿金属套管。

(3)合闸回路电缆截面的选择,应考虑网络供电时电源供电至最远端的情况和合闸冲击负荷的随机性质,按严重工况时直流母线电压为最低值计算,来保证电磁合闸机构的可靠性。

(4)基于控制信号回路供电的重要性,其馈线电缆应保证足够的机械强度,一般采用铜芯电缆。同时,为了增加供电可靠性和减小回路压降,规定采用不宜小于 $4mm^2$ 铜芯电缆。

(5)考虑控制信号馈线较长,在满足运行电压要求的情况下,避免任意增大电缆截面,规定电压降不超过直流母线额定电压的5%。

第六章　特高压部分

第一节　系统运行与倒闸操作

1. 1000kV 特高压交流变电站的巡视检查分为哪几类，巡视频次如何要求？

答：特高压交流变电站的设备巡视检查分为例行巡视（含交接班巡视）、全面巡视、专业巡视、熄灯巡视、特殊巡视。

例行巡视每天不少于 2 次，配置智能机器人巡检系统的特高压交流变电站可降低例行巡视频次；全面巡视每周不少于 1 次；专业巡视每月不少于 1 次；熄灯巡视每月不少于 1 次；特殊巡视因设备运行环境、方式变化后机动开展巡视。

2. 什么是例行巡视和全面巡视？

答：例行巡视是指对站内设备及设施外观、异常声响、设备渗漏、监控系统、二次装置及辅助设施异常告警、消防安防系统完好性、特高压交流变电站运行环境、缺陷和隐患跟踪等方面的常规性巡查。

全面巡视是指在例行巡视项目基础上，对站内设备开启箱门检查，记录设备运行数据，检查设备污秽情况，检查防火、防小动物、防误闭锁等有无漏洞，检查接地网及引线是否完好，检查特高压交流变电站设备厂房等方面的详细巡查。

3. 1000kV 特高压变电站什么情况下应进行特殊巡视？

答：（1）遇冰雪、雾霾、高温、严寒等恶劣气候时。

（2）台风、雷雨、冰雹等恶劣气象后。

（3）新设备投入运行后。

（4）设备经过检修、技改或长期停运重新投入运行后。

（5）设备缺陷有发展时。

（6）设备发生过负荷或负荷剧增、超温、发热、系统冲击、事故跳闸等异常情况时。

（7）法定节假日、上级通知有重要保供电任务时。

（8）电网供电可靠性下降或存在发生较大电网事故（事件）风险时段。

4. 特高压交流变电站中对于计划性工作中的倒闸操作如何执行？

答： 对于计划性工作，运维人员应根据工作内容提前做好操作相关准备工作。由调控中心向特高压交流变电站下达操作预令并告知正式操作预计时间，运维值班人员复诵无误后做好记录。运维值班人员对预令发生疑问时应及时与发令人联系。运维值班人员根据调度预令填写操作票，审核无误后，主动与调度联系。调度下达操作正令，运维值班人员接令复诵无误并由调度确认下令时间后，方可开始操作，发令复诵过程双方应录音。操作结束后，运维值班人员应向调度汇报，并与调控人员做好运行方式的核对。

5. 特高压交流变电站日常维护工作包括哪些？

答：（1）变压器有载分接开关动作次数每周抄录1次。

（2）变压器、高抗铁芯和夹件接地电流每月测试1次。

（3）避雷器动作次数和泄漏电流每月抄录1次，雷雨天气后抄录1次。

（4）避雷器阻性电流每月测试1次。

（5）保护连接片投退情况每月核对1次。

（6）全站各装置、系统时钟每月核对1次。

（7）低压直流蓄电池电压每月测量1次。

（8）GIS/HGIS SF_6 气体密度值每月抄录1次。

（9）给排水、通风系统每月检查1次。

（10）防小动物设施每月检查2次。

（11）消防设施每月检查 2 次。

（12）监控系统装置除尘（包括 UPS、后台主机等）每季度 1 次。

（13）故障录波、故障测距装置等数据维护、备份每季度 1 次。

（14）安全工器具每月检查 1 次。

（15）漏电保安器每季试验 1 次。

（16）室内外照明系统每季度维护 1 次。

（17）机构箱加热器及照明每季度维护 1 次。

（18）站内电缆沟、端子箱每季度检查 1 次。

（19）防误装置每半年维护 1 次。

（20）二次设备每半年清扫 1 次。

（21）蓄电池内阻每年测试 1 次。

（22）户内外锁具每年维护 1 次。

（23）电缆沟每年清扫 1 次。

（24）安防设施每季度检查维护 1 次。

（25）每年迎峰度夏前对空调、冷却、消防、排水等系统进行 1 次全面检查、维护。

（26）每年迎峰度冬前对电气设备的取暖、驱潮电热装置进行 1 次检查。

6. 特高压交流变电站中设备定期轮换、试验工作内容主要包括哪些？

答：（1）事故照明每季度试验 1 次。

（2）主变压器备用冷却器每季度轮换 1 次。

（3）主变压器冷却电源自投功能每季度试验 1 次。

（4）站用直流系统备用充电机每半年启动 1 次。

（5）站用电系统备自投功能每年检验 1 次。

7. 特高压交流变电站应有哪些记录台账？

答：（1）运维工作日志。

（2）设备巡视记录。

（3）交接班检查记录。

（4）运行值班日计划。

（5）反事故演习记录。

（6）事故预想记录。

（7）安全活动记录。

（8）运维分析记录。

（9）技术培训及问答记录。

（10）解锁钥匙使用记录。

（11）消防检查记录。

（12）防小动物措施检查记录。

（13）设备缺陷记录。

（14）设备修试记录。

（15）红外测温记录。

（16）断路器跳闸记录。

（17）断路器动作次数记录。

（18）断路器 SF_6 气体压力记录。

（19）变压器分接头动作记录。

（20）避雷器动作及泄漏电流记录。

（21）蓄电池测量记录。

（22）继电保护及安全自动装置动作记录。

（23）继电保护及安全自动装置连接片核查记录。

（24）接地线（接地开关）登记记录。

8. 1000kV 特高压交流变电站需进行哪些带电检测工作？

答：带电检测工作项目主要包括红外热成像检测、油色谱分析、SF_6 气体组分分析、高频局部放电检测、超高频局部放电检测、超声波局部放电检测、暂态地电压检测、铁芯接地电流检测、相对介质损耗因数和电容量测量、泄漏成像法检测、避雷器泄漏电流检测等。

9. 1000kV 特高压交流变电站红外测温周期如何要求？

答：正常情况下每月进行一次全站一、二次设备精确红外测温，并留存红外图像，每周进行一次一般红外测温。扩建、改建或大修的电气设备在带负荷后的 24h 后进行红外测温，并进行跟踪。大负荷或迎峰度夏、新设备投运、检修结束送电期间要增加检测频次。配置智能机器人巡检系统的特高压交流变电站，可由智能机器人完成红外检测，由运维人员对检测异常进行复核。

10. 1000kV 设备倒闸操作有哪些要求？

答： 1000kV 设备停、送电必须进行遥控操作，就地操作、程序操作只允许在设备检修状态下使用；只有经调度部门批准有权接调度指令的当值运行人员才能进行调度业务联系；变电站进行倒闸操作调度业务联系时，必须使用普通话及调度术语，互报单位、姓名。严格执行下令、复诵、录音、记录和汇报制度，发布指令应准确、清晰，使用规范的调度术语和设备双重名称，即设备名称和编号。受令单位在接受调度指令时，受令人应主动复诵调度指令并与发令人核对无误，待发令人确认并下达下令时间后方可执行；指令执行完毕后应立即向发令人汇报执行情况，并以汇报完成时间确认指令已执行完毕。

11. 1000kV 系统倒闸操作有哪些特殊要求？

答： 一般情况下，1000kV 线路解、并列操作可以在线路两侧进行。线路、变压器的合环及线路并列操作须经同期装置检测。1000kV 线路解列前需调整电网频率和相关母线电压，尽可能将解列点的有功功率调至零，无功功率调至最小。

12. 1000kV 主变压器停送电操作顺序和注意事项是什么？

答： 1000kV 变压器停送电，一般在 500kV 侧停电或充电。若站内有两台主变压器，单台 1000kV 变压器带功率运行，另一台主变压器投运时，应在 1000kV 侧充电，在 500kV 侧合环。操作 1000kV 变压器停、充电前，现场应确认该 1000kV 变压器 110kV 侧无功补偿装置未投入，且 500kV 母线电压满足系统要求。

13. 操作 1000kV 主变压器低压侧 110kV 低压无功补偿装置有哪些特殊要求？

答： 一般情况下，1000kV 特高压变压器 110kV 侧低抗正常运行或对低抗进行投切，110kV 母线电压不得超过调度要求范围。低压电抗器每天投切次数不得超过断路器允许操作次数。低压电抗器和低压电容器不能同时投入运行。当出现 1000kV 线路断路器跳开但特高压变压器 110kV 侧低容仍运行的情况时，须立即停运 110kV 低容，同时汇报相关调度。

14. 为何 1000kV 线路高抗不装设出线隔离开关？

答： 首先，特高压线路较长，线路容升效应明显，线路末端电压升高，在断路器合闸操作时会有更高的操作过电压，会危及安全，所以线路不允许无高抗运行，线路与高抗需同时投入和退出运行，高抗检修则线路必将停运，因此无需设计隔离开关；其次，1000kV 敞开式隔离开关制造难度较大，工艺质量要求高，设备造价高，故综合考虑 1000kV 线路未设计高抗出线隔离开关。

15. 1000kV 固定串补操作时分哪几种状态？

答： 倒闸操作中 1000kV 固定串补有运行、热备用、特殊热备用、冷备用及检修五种状态（1000kV 固定串补接线示意图见图 6-1）。

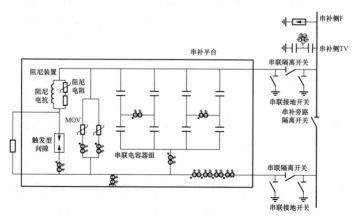

图 6-1 1000kV 固定串补接线示意图

各操作状态定义参照表 6–1。

表 6–1   串 补 状 态 定 义

	旁路开关	串联隔离开关	串联接地开关	旁路隔离开关	相应保护装置
运行	断开	合上	断开	断开	投入
热备用	合上	合上	断开	断开	投入
特殊热备用	合上	合上	断开	合上	投入
冷备用	合上	断开	断开	合上	投入
检修	合上	断开	合上	合上	退出

16. 1000kV 串补线路的停送电操作顺序是什么？

答：1000kV 串补隔离开关不允许带电操作。1000kV 线路串补接线图见图 6–1，一般情况下，带串补线路的送电操作顺序是先将串补转至特殊热备用状态，后送线路，最后操作串补到运行状态。带串补线路的停运操作顺序是先将串补转至特殊热备用状态，后停线路。

17. 1000kV 串补装置旁路断路器运行维护和倒闸操作有哪些注意事项？

答：（1）统计旁路断路器的操作次数、事故合闸次数，动作次数达到规定动作次数时，应停电检修。

（2）旁路断路器经故障处理、检修后或停止备用时间超过半个月时应在投运前做一次远方分合闸试验，仔细检查断路器的分合闸情况；分合闸试验时断路器两侧隔离开关应在拉开位置，只有分合闸试验正常，才允许将此旁路断路器投入备用或运行，否则应隔离检修。

（3）正常运行时，旁路断路器应采用远方操作，严禁就地操作，旁路断路器操作后应进行现场检查。

（4）运行时，应定期记录旁路断路器 SF_6 压力值、线路侧避雷器泄漏电流及动作次数。

18. 1000kV 串补装置电容器组在运行中有哪些安全注意事项？

答：（1）串补装置停电后，必须经过充分的放电方能在电容器组上进行工作。

（2）应定期对运行中的电容器组进行红外测温，电容器本体温升不得超过 75K。

（3）串补装置电容器过载能力：1.1 倍额定电流下（5588A）12h 内不得连续运行超过 8h；1.2 倍额定电流下（6096A）8h 内不得连续运行超过 2h；1.35 倍额定电流下（6858A）6h 内不得连续运行超过 30min；1.5 倍额定电流下（7620A）2h 内不得连续运行超过 10min；1.8 倍额定电流下（9144A）不得连续运行超过 10s。

19. 1000kV 系统操作时如何防止铁磁谐振？

答：在 1000kV 系统中进行 1000kV 母线转热备用（运行转热备或冷备转热备）操作时，由于 1000kV 断路器有并联电容与 1000kV 母线 TV 中的电感会产生铁磁谐振，其特征是 1000kV 母线 TV 过压，严重时甚至可能导致 1000kV 母线 TV 或避雷器绝缘击穿、爆炸。

进行 1000kV 母线转热备用操作时，应密切监视母线电压、电流。当发现 500kV 系统电压正常而 1000kV 母线电压较高时，可判断为 1000kV 母线 TV 铁磁谐振。站内可依据相关规程不经五防机快速解锁合上 1000kV 母线侧热备用断路器（严禁操作相关 1000kV 隔离开关）。待断路器合上后，根据相关调度规定将状态恢复至操作前状态。

20. 1000kV 系统为何要配置无功就地补偿装置？

答：由于特高压交流线路及特高压交流主变输送容量很大，加上采用固定式特高压电抗器，大功率输电时所需的无功补偿装置容量相应也很大，按照相关电网运行规定，所需无功需要就地解决，因此主变压器低压侧主要用于装设无功补偿装置。各站考虑无功补偿装置故障时的备用情况以及电容器断路器制造能力的限制，通过综合计算和统筹考虑配置低压无功补偿装置。

图 6-2 所示为特高压交流变电站低压无功补偿配置示例所示。单组主变压器低压侧 110kV 系统无功补偿装置配置为 2 需低压电抗器和 4 组低压电容器，110kV 系统接线方式采用两段单母线接线方式，即：每组主变压器低压侧 110kV 系统装设 2 台总断路器，每台总断路器对应设置一段 110kV 母线。

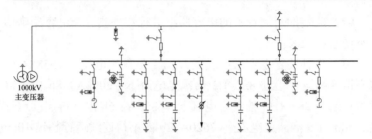

图 6-2　特高压交流变电站低压无功补偿配置示例

第二节　特高压一次部分

1. 1000kV 主变压器为什么采用中性点调压方式?

答：常规 500kV 自耦变压器大都采取中压线端调压，调压引线
和开关的电压水平为 220kV，而 1000kV 主变压器采用中性点调压
方。特高压变压器接线原理图见图 6-3。

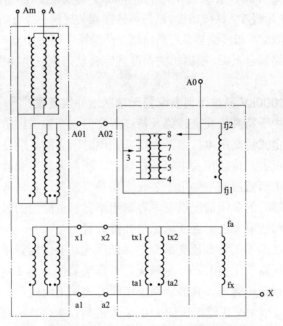

图 6-3　1000kV 主变压器接线原理图

根据系统要求，特高压交流变压器调压方式采用无励磁调压。由于变压器中压侧线端电压为 500kV，在中压侧线端调压无论从绝缘可靠性还是调压开关的选择性上，都存在很大困难。对变压器本身来说，500kV 调压线圈和调压引线在制造中非常难以处理，会影响变压器的绝缘可靠性。如采用外置调压器的方式，由于调压器线圈必然为 500kV 全绝缘，绝缘结构也较为复杂，从技术、安全、经济角度来说都不理想。采用中性点调压，则调压绕组和调压装置的电压低、绝缘要求低、制造工艺易实现，而且因调压装置连接在公共绕组回路内，分接抽头电流较小，使得分接开关易制造，整体造价较低。因此，特高压交流变压器采用中性点调压方式。

2.1000kV 主变压器为什么要采用主体变和调压补偿变分体式布置？

答：（1）变压器容量大，电压高，绕组多，如果将调压与补偿绕组也放入变压器本体，变压器的结构将变得非常复杂，绝缘处理也将更加困难，1000kV 主变压器外形布置图见图 6–4。

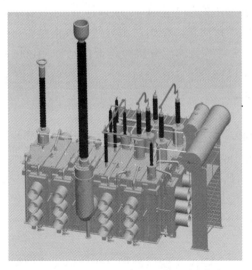

图 6–4　1000kV 主变压器外形布置图

（2）采用分体结构可以保证在调压补偿变故障的情况下，变压器主体变仍然可以单独运行。

（3）随着制造工艺和生产运行经验的提高，今后工程主变压器也可能不采用分离结构。

3. 1000kV 主变压器采用中性点变磁通调压的优缺点？

答：优点：（1）调压开关承受的电压不会很高，通过的电流不是很大。

（2）可以使主体变和调压补偿变分开，简化 1000kV 主体变的结构，并可以在需要将无励磁调压改造为有载调压时，可仅可对调压补偿变进行改造，主体变可以继续运行。

缺点：（1）会引起 110kV 低压侧电压会波动，必须要设置补偿变压器进行补偿。

（2）要用到三个铁芯，体积大，材料取用得多。

4. 调节无载分接开关后，为什么要进行直流电阻测试？

答：通过绕组直流电阻测量，可以检查绕组内部导线焊接质量，引线与绕组的焊接质量，绕组所用导线的规格是否符合设计，分接开关、引线与套管等载流部分接触是否良好等。1000kV 采用无励磁调压方式，所以在分接头调整后，为了确保调整到位，也需要测量绕组直流电阻。

5. 1000kV 主变压器无载分接开关运维中有哪些注意事项？

答：主变压器带电时，无载分接开关的手动操作机构应插入定位销、锁上挂锁，严禁带电调节分接开关；1000kV 变压器分接头挡位的调整须在变压器检修状态下进行；手动调节无载分接开关后，应进行直流电阻测试。

6. 运行中 1000kV 主变压器和高抗油样化验周期及溶解气体注意值是多少？

答：运行中主变压器和高抗油样每 1 个月进行一次油色谱检测；

新安装投运或大修后的变压器 1、4、10、20、30、45、60 天取样检测；必要时取样检测。

运行设备的油中溶解气体含量超过以下数值应引起值班人员注意：总烃：150mL/L；H_2：50μL/L；C_2H_2：1.0μL/L。

7. 1000kV 主变压器和高抗绝缘油油质标准与 500kV 相比有什么不同？

答：1000kV 绝缘油要求：油耐压≥70kV、含气量≤0.8%、$\tan\delta$≤0.5%。

500kV 绝缘油要求：油耐压≥60kV、含气量≤1%、$\tan\delta$≤0.7%。

8. 1100kV GIS\HGIS 设备气室划分原则是什么？

答：隔室的划分原则上以安装单元为单位，划分时考虑：隔室内部故障限制在该设备所在的隔室或相应的母线段内，不影响相邻回路间隔的正常运行的要求；当一个回路间隔进行检修时，不影响相邻回路的正常运行；检修时每个隔室的 SF_6 气体容量应在 8h 内回收完毕。其中气室分布一般为，断路器断口为独立气室，断路器合闸电阻为独立气室，隔离开关和接地开关为独立气室，线路接地开关为独立气室，套管为独立气室，TA 为独立气室，隔离开关与套管之间的连接线为独立气室。

9. 断路器合闸电阻的作用及提前投入时间是多少？

答：合闸电阻的作用为：高电压等级的电网，在合空载长线时，尤其是在电源电压幅值与线路残压反相合闸，由于系统参数突变，电网 L–C 上电磁能量的振荡而引起较大的过电压。为了限制这种合闸过电压，利用合闸电阻将电网的部分能量吸收和转化成热能，以达到削弱电磁振荡、限制过电压的目的。合闸电阻提前投入时间为 8～11ms。

10. 为监控设备运行状态 1000kV 主变压器和高抗分别安装了哪些在线监测装置？各监测哪些量？

答：1000kV 主变压器和高抗都安装了油色谱在线监测和套管在

线监测装置。

油色谱在线监测装置通过定期对油样进行分析，分析其 H_2、CO、CH_4、C_2H_4、C_2H_2、C_2H_6、总烃、油温、微水、水活性等成分，以监测绝缘油的运行品质。

套管在线监测装置（未接入在线运行），通过监测母线电压，和套管末屏电流，判断套管介损和等效电容等数据，以监测套管的运行品质。

11. 低压并联电容器补偿装置中串抗率有几种？不同串抗率作用有何不同？

答：每组并联电容器补偿装置包括 1 组电容器组和 1 组串联电抗器，串抗率分为 5%和 12%，各两组。串联电抗器主要用于限制谐波、合闸涌流及短路电流，串抗率为 5%的串联电抗器主要用于限制 3 次谐波，串抗率为 12%的串联电抗器主要用于限制 3 次、5次谐波。

第三节　特高压二次部分

1. 特高压交流系统故障的电气特征有别于常规电压等级主要体现在哪些方面？

答：具体体现在以下几个方面：

（1）分布电容产生了较大的电容电流。

（2）故障暂态过程中产生的高频分量频率可能与工频频率很接近。

（3）短路过程中非周期分量衰减常数较大。

（4）高阻接地时故障分量可能比较小。

（5）距离继电器的测量阻抗有可能不和故障距离成线性正比关系。

（6）在空载合闸、区外故障及切除、重合闸等暂态过程中，暂态电容电流将要增加数倍。

2. 1000kV 主变压器差动保护配置情况与 500kV 有何不同？

答： 由于 1000kV 主变压器采用主体变和调压补偿变分体式布置，保护范围为整个变压器的变压器差动保护，对调压补偿变灵敏度不够，必须为调压变和补偿变单独配置差动保护以提高其区内故障匝间故障时的灵敏度，故对主变、调压补偿变分别配置差动保护，具体为主变大差（保护范围为整个变压器，但对调压补偿变灵敏度不够）、主体变分侧差动、调压变差动和补偿变差动保护。

3. 调压变差动保护为何在不同挡位采用不同定值区？

答： 由于特高压变压器通过调节一台小的变压器达到调压大变压器的目的，所以在调压过程中，小变压器必须经过较大幅度的调压，才能带来大变压器电压微小的变化。这样就必然要求调压变压器的调压范围非常大，远远超过了一般变压器的 20%左右的调压范围，并且由于其调压开关正反向调压的特殊性，在调压过程中，电流的相对极性也会发生变化。如果按照中压最大分接的位置统一考虑平衡，再考虑分接头调节过程中电流极性倒相的影响，产生的误差很大。

以某一挡位为基准的平衡方法不能适应其他挡位的运行情况，这样在调压变挡位调节过程中，保护装置必须采用不同的平衡系数来实现差动保护的平衡。故采用 9 套定值区，每套定值区对应一个挡位，对应不同平衡系数，当改变分接头挡位时，定值区切换对应位置，这样对应关系明确，不容易出错。

4. 调压变差动保护为何在不同挡位采用不同定值区？

答： 由于特高压变压器通过调节一台小的变压器达到调压大变压器的目的，所以在调压过程中，小变压器必须经过较大幅度的调压，才能带来大变压器电压微小的变化。这样就必然要求调压变压器的调压范围非常大，远远超过了一般变压器的 20%左右的调压范围，并且由于其调压开关正反向调压的特殊性，在调压过程中，电流的相对极性也会发生变化。如果按照中压最大分接的位置统一考虑平衡，再考虑分接头调节过程中电流极性倒相的影响，产生的误差很大。

以某一挡位为基准的平衡方法不能适应其他挡位的运行情况，这样在调压变挡位调节过程中，保护装置必须采用不同的平衡系数来实现差动保护的平衡。故采用 9 套定值区，每套定值区对应一个挡位，对应不同平衡系数，当改变分接头挡位时，定值区切换对应位置，这样对应关系明确，不容易出错。

第四节　特高压安全工器具的使用

1. 特高压生产运行有哪些特殊安全工器具?

答：特高压生产运行所需的 1000kV 特殊安全工器具包括非接触式验电器、静电防护服、1000kV 接地线。

2. 1000kV 电压各种安全距离分别是多少?

答：设备不停电时的安全距离为 8.7m；工作人员工作中正常活动范围与设备带电部分的安全距离为 9.5m；车辆（包括装载物）外廓至无遮拦带电部分之间的安全距离为 8.25m；带电作业时人身与带电体的安全距离为 6.8m。

3. 如何正确使用 1000kV 验电器?

答：（1）使用前，必须对验电器进行检查。若发现验电器存在裂纹、部件安装不紧固、操作杆与验电器连接不可靠等现象时不得使用。

（2）使用时应先自检，只有通过了自检的验电器方能进行验电操作。打开电源开关，电源指示灯（绿灯）亮。若红灯亮，表示需要更换电池；按下复位按钮，蜂鸣器响；手松开，蜂鸣器停止鸣叫；若红灯长亮、蜂鸣器长响，表明验电器有故障，应停止使用。

（3）验电时，运行人员站在待验电部位正下方，打开验电器电源开关；待验电器通过自检和预检阶段进入待检工作状态后，将验电器缓慢举起至距地面 2.0～2.5m 高，并保持验电器垂直于地面约3s；根据验电器声光指示判断被测设备是否带电（红灯闪烁且蜂鸣器响表示被测设备带电）。

4. 如何正确穿戴和保管 1000kV 静电屏蔽服？

答：1000kV 高压设备，在 1000kV 带电设备附近进行工作时，均应穿上静电屏蔽服。

（1）使用前，应逐件检查成套静电屏蔽服的外形、连接带及连接头，确保其完好无损。

（2）使用时应穿戴整齐，系好各部件连接带，避免穿刺、划破及磨损。

（3）不使用时，应整理整齐，存放在塑料袋内，然后存放在静电屏蔽服保管箱内，以避免损坏。

（4）1000kV 静电屏蔽服可放在低温水中使用肥皂或洗衣粉轻轻擦洗，再使用清水漂洗。洗涤静电屏蔽服时不得剧烈搓动，以防止金属纤维断裂。

5. 如何挂接 1000kV 接地线？

答：（1）首先检查 1000kV 接地线符合使用要求。

（2）将 1000kV 接地线绝缘杆进行连接，并保证各连接杆连接可靠。

（3）先接接地端，将三相接地线接地端同时接在需挂接地线处接地桩上，并确保连接可靠。

（4）将接地线升降车挂接接头挂在升降车护栏上，并保证挂接牢固、可靠受力。

（5）操作人员戴绝缘手套，持绝缘杆站在升降车上，操作人员手应握在绝缘杆尾部。

（6）操作升降车上升至挂接地线合适高度，操作人员将接地线挂接在导线上，挂接应牢固，接地线挂接头簧片应于导线连接可靠。

（7）从升降车护栏上取下接地线升降车挂接接头。

（8）操作升降车下降至地面，然后依次进行其他相操作。

第五节 故障及异常处理

1. 设备发生故障及异常时报告的程序有哪些?

答:设备发生故障及异常时,现场情况应立即汇报上级调度(直接威胁人身和设备,先处理,应及时汇报)和上级管理部门。要逐级汇报。不影响事故处理情况下,及时且简要地汇报站长。

1000kV 设备一般由国家电力调度中心或区域电网调度直接调度,当直调系统发生故障时,运行人员应立即向国家电力调度中心或区域电网调度汇报故障发生时间,故障后厂站内一次设备状态变化情况,厂站内有无设备运行状态(电压、电流、功率)越限、有无需进行紧急控制的设备,周边天气及其他可直接观测现象。5min内,汇报保护、安控动作情况,确认主保护、安全稳定控制装置是否全部正确动作,汇报线路故障类型、开关跳闸及开关重合闸动作情况,依据相关规程采取相关处理措施。15min 内,汇报相关一、二次设备检查基本情况,确认是否具备试送条件。30min 内,汇报站内全部保护动作情况,线路故障测距情况,按国家电力调度中心要求传送事件记录、故障录波图、故障情况报告、现场照片等材料。

2. 1000kV 主变压器冷却器发生故障及异常如何处理?

答:当监控后台报文发出"主变压器××相冷却器故障""主变压器××相备用冷却器启动",现场故障相主变压器工作冷却器停运,备用冷却器启动时,运行人员应及时进行以下处理。

(1)查故障相主变压器冷却器风扇运行情况,保证运行冷却器数量,检查风冷控制柜面板内有无红色报警灯亮,冷却器电源是否正常。

(2)查故障冷却器散热片和油泵有无异常情况。

(3)与后台核对现场油温,观察有无上升趋势。

(4)如果发现电源小开关或热偶跳开,试合(复归)一次,如果再次跳开,通知检修处理并汇报管理处。

(5)如果一台主变压器冷却器全停,应派专人严密监测主变压器油温的变化情况，主变压器可以持续运行 60min，若油面温度达到 75℃，则可以持续运行 20min，提前申请停运该主变压器。

3. 1000kV 并联电抗器重瓦斯保护动作后如何处理？

答：（1）立即汇报调度、相关部门和领导，现场检查 1000kV 断路器状态和二次保护动作情况。

（2）检查确认相应线路是否停电，如未停电，向调度申请线路停电，隔离并联电抗器。

（3）详细检查以下项目：

1）1000kV 并联电抗器外观有无明显反映故障性质的异常现象。

2）是否呼吸不畅或排气未尽。

3）保护及直流等二次回路是否正常。

4）线路保护动作情况，故障录波动作情况。

5）压力释放阀动作情况。

6）1000kV 并联电抗器其他继电保护装置动作情况。

（4）如果确认重瓦斯保护误动，停用该保护，但差动保护及其他保护必须投入。

（5）确认重瓦斯保护动作正确，如果不是由于保护装置二次回路故障引起保护动作，则说明线路并联电抗器内部故障，联系检修人员取瓦斯气体和油样进行化验，分析事故性质及原因。

（6）如果重瓦斯保护动作同时差动保护动作，则可确认线路并联电抗器内部动作。

（7）在未找出故障原因之前，不能强行送电。

4. 1000kV 断路器出现分闸闭锁和合闸闭锁时应如何处理？

答： 1000kV 断路器异常，出现"合闸闭锁"尚未出现"分闸闭锁"时，应立即拉开异常断路器；出现"分闸闭锁"时，应停用断路器的操作电源，断开相邻带电设备来隔离异常断路器。

第七章　计量作业及其他部分

第一节　计　量　作　业

1. 110kV 及以上互感器试验防触电的安全注意事项有哪些?

答：（1）使用变电站（发电厂）第一种工作票。

（2）开工前，作业人员应核对设备双重名称、编号、工作地点。

（3）确认被试设备已停电，进出线隔离开关、断路器均已断开。

（4）在工作地点四周装设围栏。工作中，应加强监护。

（5）进行一次试验接线时，注意与带电部分保持足够的安全距离。试验接线正确可靠，一人接线一人复查。

（6）升流、升压时，通知被试设备上停留的人员撤离，与被试设备保持足够的安全距离。

（7）试验电源应从试验电源箱接取，或运维人员指定位置接取。

（8）试验完毕后，关闭测试装置再拆除试验线。

2. 带电更换电能表防触电安全注意事项有哪些?

答：（1）使用变电站（发电厂）第二种工作票。

（2）开工前，作业人员应核对需更换的电能表所在屏位及回路端子排位置。

（3）使用绝缘工具，戴手套，站在绝缘垫上，逐一解开电压线头，用绝缘胶布包好，并做好标记。

（4）短路电流二次回路，应使用专用短路片，严禁用导线缠绕。

（5）打开电流中联端子，用相位伏安表监视该回路电流的变化，确认回路电流为零。

（6）拆线要按照先电压，后电流的顺序进行。

（7）恢复电流中联端子，拆除短路片，用相位伏安表监视该回路电流的变化，确认回路电流正常。

（8）恢复接线时与拆线时相反的顺序进行。

3. 带电安装、更换电压监测仪安全注意事项有哪些？

答：（1）使用变电站（发电厂）第二种工作票。

（2）开工前，核对工作地点，认清作业设备。

（3）安装时，使用绝缘工具，戴手套，先接好电压监测仪表尾线，再进行接火，接火时逐一打开电压线头，打开一相并接一相，严防误碰。

（4）更换时，使用绝缘工具，戴手套，站在绝缘垫上，逐一解开电压监测仪电压线头，并逐一用绝缘胶布包好，严防误碰，恢复时逐一恢复。

4. 带电安装、更换电能量采集终端安全注意事项有哪些？

答：（1）安装或更换专用变压器、台区电能量采集终端时，使用用户现场安全工作执行卡。从电能表尾接取电压，接电压线时，使用绝缘工具，戴手套，逐一打开电压线头，打开一相接一相，严防误碰。

（2）安装变电站关口电能量采集终端，使用变电站（发电厂）第二种工作票。从交、直流屏取工作电源时，使用绝缘工具，戴手套，注意核对端子排位置，防止误碰周围带电部分。

5. 谐波测试时的安全注意事项有哪些？

答：（1）使用变电站（发电厂）第二种工作票。

（2）开工前，核对工作地点，认清被试设备。

（3）用电流钳卡电流线接入测试装置时，确认接入的电流线接触牢固可靠，位置适当，用力均匀，防止电流钳拉松电流线头，造成电流二次回路开路。

（4）在接取电压信号时，使用绝缘工具，戴绝缘手套，接线要牢固可靠，防止电压夹松动脱落，造成短路。

6. 现场电能表误差测试的安全注意事项有哪些?

答：（1）使用变电站（发电厂）第二种工作票。

（2）开工前，核对工作地点，认清被试设备。

（3）在接线盒串接处测试装置电流试验线前，电流连片短接要牢固可靠，防止开路。

（4）夹电压试验线时要牢固可靠，防止短路或接地。

（5）拆接试验线时与带电端子保持距离，戴绝缘手套，防止误碰。

（6）在拆接试验线时，必须把电压、电流降至零位，关闭测试装置电源后方可进行。

7. 用户现场装表接电的安全注意事项有哪些?

答：（1）使用用户现场安全工作执行卡。

（2）进入用户生产现场必须正确佩戴安全帽。

（3）开工前，工作负责人必须向用户电气负责人了解现场设备带电情况后，工作负责人必须认真进行确认，查看设备带电显示装置的指示位置，并确认高压进线处跌落开关或隔离开关明显断开，计量柜电压互感器一次侧熔断器断开。

（4）对设备进行验电，在进线柜进出线处分别验明确无电压，在进线处隔离开关、负荷侧隔离开关处分别挂地线一组，工作负责人确认所做安全措施安全可靠。

（5）工作负责人向工作班成员详细交代工作地点、工作任务、工作地点及带电部位，以及所做的安全措施。

（6）不准擅自操作用户电气设备，必要时由用户电气负责人进行操作。

（7）严禁单人工作，必须在两人及以上。

（8）严禁工作人员私自扩大作业范围。

（9）工作负责人要严格监护到位，不得擅自离开作业现场。

例：××××年××月××日，根据××用户的验收申请，××电业局营销部业扩项目经理陈××持派工单，组织计量班黄××、用电检查班钱××、采集运维班朱××共4人，到用户的10kV业扩工程现场进行验收，在没有落实"停电、验电、挂接地线"等安全技术措施的情况下开展验收工作。朱××在进线开关柜柜后检查过程中，核查开关柜内线路电压互感器接线时与带电设备安全距离不足，造成触电死亡。

8. 电压互感器试验防止二次侧反送电的安全措施是什么？

答：（1）电压互感器升压试验前，断开一次侧隔离开关，取下一、二次侧熔断器，将电压互感器一、二侧接地。

（2）通知停留在电压互感器上的工作人员撤离，避免人身触电。

9. 在带电的电压互感器二次回路上工作应注意的安全事项是什么？

答：（1）严格防止电压互感器二次短路和接地，工作时应使用绝缘工具，戴绝缘手套。

（2）根据需要将有关保护停用，防止保护拒动和误动。

（3）接临时负荷时，应装设专用隔离开关和可熔熔断器。

10. 计量二次工作安全措施票的内容包括什么？

答：包括被试设备名称、工作内容、二次回路拆接线工作的执行人、恢复人、监护人，以及工作中需打开及恢复的连接片、直流线、交流线、信号线、联锁线和联锁开关等（涉及保护回路的工作由保护专业配合进行），并按工作顺序填用相应的安全措施。

例：××××年××月××日，××供电公司计量室人员，在220kV××变电站继保室电度表屏更换220kV××线××电能表时，未认真执行二次工作安全措施票，引起保护误动，导致220kV主变压器停电事故。

11. 执行二次工作安全措施票的注意事项是什么？

答：（1）确认电压二次回路需打开的线头，电流二次回路需短接的端子同所进行工作的端子对应。

（2）确认需要短接的电流二次回路可靠短接，打开的电压线头用绝缘胶布逐一包好，并做好标记，恢复时逐一打开。

（3）在恢复接线时，做到一人接线，一人复查。

12. 高供高计用户停电装表接电的安全措施有哪些？

答：（1）确认线路分支开关或跌落开关断开（有进线开关柜者断开断路器及两侧隔离开关）。

（2）确认在计量柜进线隔离开关处装设接地线一组。

（3）确认出线柜断路器及两侧隔离开关断开。

（4）确认在计量柜负荷侧隔离开关处装设接地线一组，验明确无电压。

（5）双电源供电用户按照以上要求对两路电源分别进行安措确认。

13. 高供低计用户停电装表接电的安全措施有哪些？

答：（1）确认线路分支开关或跌落开关断开，在变压器高压侧装设接地线一组。

（2）确认低压负荷侧总断路器断开。

14. 在屏上打眼防止因振动引起设备误动的措施有哪些？

答：（1）在专用计量屏上进行打眼等有振动的工作时，若附近无相关保护装置、安全自动化装置等相关设备，可直接进行。

（2）若附近有保护装置、安全自动化装置等相关设备，应经运行值班人员同意，申请停用有关保护装置、安全自动化装置，方可进行。

（3）打眼时，一人扶屏，一人打眼，朝向正确，均匀发力，减小震动。如图 7-1 所示。

图 7-1 正确打眼方法

15. 实验室电能表检验的安全注意事项有哪些?

答:(1)工作时,使用绝缘工具,并站在绝缘垫上。

(2)试验线必须完好无损。接线时,检查试验接线牢固可靠、正确无误。

(3)检查电流柱与表计电流表尾孔位压接正确、紧密。

(4)升压升流前,认真核对表计量程,检查无误后方可进行。

(5)在拆接试验线时,必须把电压、电流降至零位,关闭测试装置电源后方可进行。

16. 实验室高压互感器检验的安全注意事项有哪些?

答:(1)工作时,应有专人监护,使用绝缘工具,戴绝缘手套,并站在绝缘垫上。

(2)试验线必须完好无损。接线时一人接线另一人复查,保证试验接线牢固可靠、正确后,方可升压升流。

(3)被检设备通电进行试验期间,人员全部退出试验区域,闭锁防护栏门,等待试验结束后,必须把试验台体电压、电流降至零位后,方可进入试验区拆卸试验接线,防止人员误入带电试验区域,造成人身触电。

第二节 其 他 部 分

1. 火灾类别及危险等级有几类？

答：灭火器配置场所的火灾种类应根据该场所内的物质及其燃烧特性进行分类，划分为下列类型：

（1）A 类火灾，固体物质火灾。

（2）B 类火灾，液体火灾或可熔化固体物质火灾。

（3）C 类火灾，气体火灾。

（4）D 类火灾，金属火灾。

（5）E 类火灾，物体带电燃烧的火灾。

工业场所的灭火器配置危险等级，应根据其生产、使用、储存物品的火灾危险性，可燃物数量，火灾蔓延速度，扑救难易程度等因素，划分为三级：严重危险级、中危险级、轻危险级。

2. 气焊与气割的概念分别是什么？

答：气焊是利用可燃气体（主要是乙炔）在纯氧中燃烧，使焊丝和母材接头处融化，从而形成焊缝的一种焊接方法。

气割是利用可燃气体（乙炔气或液化石油气）在纯氧中燃烧。使金属在高温下达到燃点，然后借助氧气流剧烈燃烧，并在气流作用下吹出熔渣，从而将金属分离开的一种加工方法。

3. 常用氧气瓶和乙炔瓶、液化石油气瓶的构造是什么？

答：用于气焊和气割的氧气瓶属于压缩气瓶，是一种储存和运输氧气的专用高压容器，氧气瓶通常用优质碳素钢或低合金结构钢轧制成无缝圆柱形容器。通常气瓶容积 40L，瓶内氧气压力为 15MPa，可以储存 $6m^3$ 的氧气。氧气瓶在出厂前，除对氧气瓶的各个部件进行严格检查外，还需要对瓶体进行水压试验，一般试验的压力为工作压力的 1.5 倍。并在瓶体上部球面部位作明显的标志。标志上标明：瓶号、工作压力、试验压力、下次试压日期、检查员的钢印、制造厂检验部门的钢印、瓶的容量和重量、制造厂、出厂日期等。

　　用于气焊和气割的乙炔瓶属于溶解气瓶，是一种储存和运输乙炔气的专用容器，外形与氧气瓶相似。它的构造比氧气瓶复杂，主要是因为乙炔不能以高压力压入普通的气瓶内，而必须利用乙炔能溶解于丙酮的特性，采取必要的措施，把乙炔压入钢瓶内。乙炔的瓶体是由优质碳素钢或低合金结构钢经轧制焊接而成。通常气瓶的容积为40L，一般乙炔瓶内溶解6～7kg的乙炔，乙炔瓶的工作压力为1.5MPa，水压试验压力为6MPa。乙炔瓶表面一般为白色，并标注红色的乙炔和火不可近字样。

　　用于气焊和气割的液化石油气瓶属于液化气瓶。是储存和运输液化石油气的专用容器，按用量及使用方法不同，气瓶储存量分别为10、15、36kg等多种规格，还可以制造容量为1、2t或更大的储气罐。气瓶材质选用16Mn、A3钢或20号优质碳素钢制成。气瓶的最大工作压力为1.6MPa，水压试验3MPa。气瓶通过试验鉴定后在气瓶的金属铭牌上标志类似氧气瓶所标注的内容。

4. 如何划分动火级别？

　　答：根据火灾危险性、发生火灾损失、影响等因素将动火级别分为一级动火、二级动火两个级别。对于火灾危险性极大、发生火灾造成后果很严重的部位、场所或设备应为一级动火区。对于一级动火区以外的防火重点部位、场所或设备及禁火区域应为二级动火区。

5. 哪些情况下禁止动火作业？

　　答：（1）油船、油车停靠区域。

　　（2）压力容器或管道未泄压前。

　　（3）存放易燃易爆物品的容器未清理干净，或未进行有效置换前。

　　（4）作业现场附近堆有易燃易爆物品，未作彻底清理或者未采取有效安全措施前。

　　（5）风力达五级以上的露天动火作业。

（6）附近有与明火作业相抵触的工种在作业。

（7）遇有火险异常情况未查明原因和消除前。

（8）带电设备未停电前。

（9）按国家和政府部门有关规定必须禁止动用明火的。

6. 高空焊接工作有什么要求？

答：（1）清除焊接设备附近和下方的易燃、可燃物品。

（2）将盛有水的金属容器放在焊接设备下方，收集飞溅、掉落的高温金属熔渣。

（3）将下方裸露的电缆和充油设备、可燃气体管道可能发生泄漏的阀门、接口等处，用石棉布遮盖。

（4）下方搭设的竹木脚手架用水浇湿。

（5）金属熔渣飞溅、掉落区域内，不得放置氧气瓶、乙炔气瓶。

（6）焊接工作全程应设专职监护人，发现火情，立即灭火并停止作业。

7. 动火工作票签发人、工作负责人、执行人员有什么要求？

答：一、二级动火工作票签发人、工作负责人应进行《中华人民共和国电力行业标准电力设备典型消防规程》等制度的培训，并经考试合格，动火工作票签发人由单位分管领导或总工程师批准，动火工作负责人由部门（车间）领导批准。动火执行人必须持政府有关部门颁发的允许电焊与热切割作业的有效证件。

8. 安全工器具使用总体要求有什么？

答：各级单位应为班组配置充足、合格的安全工器具，建立统一分类的安全工器具台账和编号方法。使用保管单位应定期开展安全工器具清查盘点，确保做到账、卡、物一致。

（1）使用单位每年至少应组织一次安全工器具使用方法培训，新进员工上岗前应进行安全工器具使用方法培训；新型安全工器具使用前应组织针对性培训。

（2）安全工器具使用前应进行外观、试验时间有效性等检查。

（3）绝缘安全工器具使用前、后应擦拭干净。

（4）对安全工器具的机械、绝缘性能不能确定时，应进行试验，合格后方可使用。

9. 起重作业的定义是什么？有哪些分类？

答：利用起重机械或起重工具移动重物的操作活动称为起重作业，属于特种作业。

（1）起重机械，是指用于垂直升降或者同时水平移动重物的机电设备，分为桥式起重机和臂架式起重机。桥式起重机是桥架在高架轨道上运行的一种起重机，又称天车；臂架式起重机是取物装置悬挂在臂架顶端，或者挂在沿臂架运行的起重小车上的起重机，如塔式起重机、门座式起重机等。

（2）起重工具，是吊运或顶举重物的物料搬运工具，一种间歇工作、提升重物的工具。如汽车吊、千斤顶、电动（手动）葫芦等。

10. 电缆井盖、沟盖板、电缆隧道工作有何要求？

答：（1）开启电缆井盖、沟盖板、电缆隧道入孔盖时应使用专用工具，并放置在安全位置，做好安全设施，并有专人看守，以免伤人。开启后应先用吹风机排除浊气，再用气体检测仪检查井内或沟道内的易燃易爆及有毒气体的含量是否超标，并做好记录。电缆沟道内工作时，通风设备应保持常开，以保证空气流通。

（2）电缆沟道内工作时，禁止只打开一只井盖（单眼井除外）。工作地点应有充足的照明，并有防火、防水、通风的措施，并随时保持与地面人员的联系。

（3）工作人员撤离电缆井或隧道后，应立即将井盖盖好，以免行人碰盖后摔跌或不慎跌入井内。

（4）雨天禁止进行在电缆井、电缆沟道内工作。

11. 进入室内 SF_6 设备区有何规定？

答：（1）进入室内 SF_6 设备区，应先通风 15min，并用检漏仪

测量 SF_6 气体密度小于 1000mL/L，检测室内氧气密度正常（大于 18%）。

（2）尽量避免一人进入 SF_6 设备室进行巡视，不准一人进入设备室从事检修工作。

（3）处理 SF_6 设备泄漏故障时必须戴防毒面具，穿防护服。

12. 变电站发生火灾事故时怎么办?

答：（1）变电站发生火灾事故时，当值运维负责人立即向运维单位主管汇报，迅速派运维人员到现场，了解设备着火情况，并采取必要的安全措施，组织站内人员参加灭火工作。必要时，可拨打 119 报警电话，同时开放消防通道。

（2）电气设备着火，应立即切断有关设备电源，然后进行灭火。

（3）电气设备灭火时，应使用干式灭火器、二氧化碳灭火器等灭火，不得用水和泡沫灭火器。对注油设备用干粉灭火器或干砂灭火。地面上绝缘油着火，也可用干砂扑灭。

（4）变压器着火时，首先要断开电源，停运冷却器，并迅速采取灭火措施，防止火势蔓延。立即切除变压器所有二次控制电源，包括冷却系统电源及控制电源、有载分接开关操作电源、各种保护（如瓦斯保护、压力释放阀等）的控制电源，温度计、油位计回路电源等。

（5）电缆沟起火，应切断本沟的动力电源，除进行灭火外，应将着火区两端未堵死的防火墙完全堵死，防止火势蔓延。

13. SF_6 设备发生大量泄漏等紧急情况应该怎么办?

答： SF_6 设备发生大量泄漏等紧急情况时，所有现场人员应迅速撤出现场，开启所有排风机进行排风。未佩戴防毒面具或正压式空气呼吸器人员禁止入内。只有经过充分的自然排风或强制排风，并用检漏仪测量 SF_6 气体合格，用仪器检测含氧量（不低于 18%）合格后，作业人员才准进入。发生设备防爆膜破裂时，应停电处理，并用汽油或丙酮擦拭干净。

14. 变电站使用的正压式空气呼吸器有什么作用？如何使用？

答：正压式空气呼吸器，在变电站发生火灾或进入电缆沟道巡视时使用。在进行灭火时防止吸入对人体有害毒气，烟雾，悬浮于空气中的有害污染物。在缺氧环境中使用，防止吸入有毒气体。正压式空气呼吸器由面罩、气瓶、瓶带组、肩带、报警哨、压力表、气瓶阀、减压器、背托、腰带组、快速接头、供给阀组成。检验周期为 3 年，一般进行水压试验和气密性实验。水压试验：满水 8h 后，保持试验压力的 100%～103%不少于 60s，变形不超过 5%。气密性试验：冲入试验压力气体，不少于 1min，无气泡出现。

使用方法：

（1）佩戴时，先将快速接头断开（以防在佩戴时损坏全面罩），然后将背托在人体背部（空气瓶开关在下方），根据身材调节好肩带、腰带并系紧，以合身、牢靠、舒适为宜。

（2）把全面罩上的长系带套在脖子上，使用前全面罩置于胸前，以便随时佩戴，然后快速将接头接好。

（3）将供给阀的转换开关置于关闭位置，打开空气瓶开关。

（4）戴好全面罩（可不用系带）进行 2～3 次深呼吸，应感觉舒畅。屏气或呼气时，供给阀应停止供气，无"咝咝"的响声。用手按压供给阀的杠杆，检查其开启或关闭是否灵活。一切正常时，将全面罩系带收紧，收紧程度以既要保证气密又感觉舒适、无明显的压痛为宜。

（5）撤离现场到达安全处所后，将全面罩系带卡子松开，摘下全面罩。

（6）关闭气瓶开关，打开供给阀，拔开快速接头，从身上卸下呼吸器。

15. 消防过滤式自救呼吸器的作用？如何使用？

答：消防过滤式自救呼吸器（又名防烟防毒面具，火灾逃生面具）是一种保护人体呼吸器官不受外界有毒气体伤害的专用呼吸装置，它利用滤毒罐内的药剂、滤烟元件，将火场空气中的有毒成分过滤掉，使之变为较为清洁的空气，供逃生者呼吸用，火灾逃生面具有效期是 3 年。

使用方法：

（1）当发生火灾时，立即沿包装盒开启标志方向打开盒盖，撕开包装袋取出呼吸装置。

（2）沿着提醒带绳拔掉前后两个红色的密封塞。

（3）将呼吸器套入头部，拉紧头带，迅速逃离火场。

16. 简述高空作业车的定义及分类。

答：高空作业车是指运送工作人员和使用器材到现场并进行空中作业的专用车辆。按其升降机构的形式，一般可分为伸缩臂式（直臂式）、折叠臂式（曲臂式）、垂直升降式和混合式四种基本形式。

17. 带电体附近使用起重机械注意事项有哪些？

答：（1）起重机上应有灭火装置，驾驶室内应铺橡胶绝缘垫，禁止存放易燃物品。

（2）变电站内使用起重机械时，应安装接地装置，接地线应用多股软铜线，其截面应满足接地短路容量的要求，但不得小于 $16mm^2$。

（3）起吊重物前，应由工作负责人检查悬吊情况及所吊物件的捆绑情况，认为可靠后方准试行起吊。起吊重物稍一离地，应再检查悬吊及捆绑情况，认为可靠后方准继续起吊。